如何提出一个好问题

解决问题，从正确定义问题开始

[日] 苅野进——著　　滕小涵——译

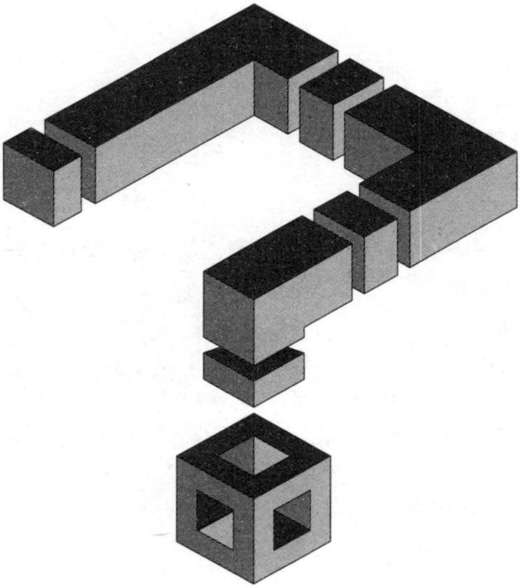

古吴轩出版社

图书在版编目（CIP）数据

如何提出一个好问题：解决问题，从正确定义问题开始／（日）苅野进著；滕小涵译. -- 苏州：古吴轩出版社，2021.10

ISBN 978-7-5546-1830-1

Ⅰ. ①如… Ⅱ. ①苅… ②滕… Ⅲ. ①问题解决(心理学) Ⅳ. ①B842.5

中国版本图书馆CIP数据核字(2021)第216357号

责任编辑： 胡敏韬
见习编辑： 闫毓燕
装帧设计： YOOLI尧丽

书　　名： 如何提出一个好问题：解决问题，从正确定义问题开始
著　　者： [日] 苅野进
译　　者： 滕小涵
出版发行： 古吴轩出版社
地址：苏州市八达街118号苏州新闻大厦30F　　邮编：215123
电话：0512-65233679　　传真：0512-65220750
出 版 人： 尹剑峰
印　　刷： 天津旭非印刷有限公司
开　　本： 880 × 1230　1/32
印　　张： 7.25
字　　数： 127千字
版　　次： 2021年10月第1版　第1次印刷
书　　号： ISBN 978-7-5546-1830-1
著作合同登记号： 图字10-2021-570号
定　　价： 52.80元

如有印装质量问题，请与印刷厂联系。022-22520876

序　言

找到“正确的问题”，可以大幅削减工作量，提升工作效率，将成果最大化。

本书的目的是帮助你提升发现问题的能力，让你找到“真正应该去着手解决的问题”。那些善于解决问题的人、富有创造力的人、投资回报比高的人、工作速度很快的人……凡是擅长思考的人，无不具备这种能力。

只有找到根本问题，才能得出治本之法。因此，无论是在商业活动、工作中，还是在学习中，我们找到了根本问题，就可以大幅度地削减工作量，提升工作效率，实现成果最大化。

假设某公司的经营者在看到 iPhone 的销量神话后深受触动，立志要开发出比 iPhone 性能更加优越的智能手机。为了达成这个目标，现场的工作人员需要思考以下问题：

- 这款手机应该具备哪些功能？

● 是否需要做成具有防水功能的产品？

● 是否需要在手机中增加电视功能？

在成功研发出新产品后，工作人员接下来还需要高效地完成制造和销售任务。然而，这种所谓的“比 iPhone 性能更加优越的智能手机”真的会畅销吗？那个苹果形状的商标究竟有多重要？比起硬件功能，如今的消费者是不是更加看重应用程序？

在这个案例中，解决问题的方式并没有什么毛病，有问题的是“开发出比 iPhone 性能更加优越的智能手机”这个目标本身。由于目标设定得过高，远远超出了该公司的实力，在短时间内很难真正落实。这样是不利于解决问题的。

在解决问题的过程中，最重要的一点就是“找到最合适的问题，并将其设为目标”。

对经营者来说，这个目标就是整个公司前进的方向。对一个工作小组的负责人来说，这个目标就是给小组成员合理安排工作任务。

即便对普通人来说，“找到最合适的问题，并将其设为目标”的能力也同样至关重要。如果目标的设定不够合理，你付出的努力便很难得到回报。

所谓“擅长思考的人”，就是能够合理设定目标，用最少的劳动、资金和时间将成果最大化的人。

▲所谓“思考的力量”，就是找到“能够解决的问题”

一个好的问题应该具备两个条件：

● 能够解决

● 解决后会产生效果

在“解决不了的问题”和“非常花时间的问题”上浪费时间，是一种效率很低的做法。

如果我们花费很大力气解决了一个问题，却没有得到理想的效果，这更是一种悲剧。

我们在学校都学习过如何解决问题，但学校中的问题与现实生活中的问题并不是一回事。

因为在现实生活中，我们可以重新审视问题本身的价值，而在学校中，学生只是处于一种随波逐流的状态。

本书的目标是帮你拨开眼前纷杂的迷雾，找到“能够解决，并且解决后会产生效果的问题”。我认为这是一种最重要的能力。

在我看来，善于解决问题的人可以分为三个等级：

A. 能够发现问题并设定目标的人

B. 在别人设定好目标后，能够顺利解决问题的人

C. 在别人成功解决问题后，能够学习其成功经验，用同样的方式来高效解决问题的人

一直以来，日本的学校教育都在全力培养 B 类和 C 类人才。然而，如今摆在我们面前的问题是，现成的发达国家的成功案例已经越来越少，可以直接照搬的经验不多。这意味着，我们不得不学会自己发现问题，自己设定目标。

在学校中，老师一直在教我们如何解答别人给出的问题。进入社会后，我们也需要遵从上司的指示，完成自己分内的任务。然而事实上，我们在想办法解决眼前问题的同时，也应该思考一下，还有没有其他需要我们解决的问题。

▲我耗时 15 年开发的“逻辑思维课程”，就算是 10 岁小孩也能够轻松掌握

我们的辅导机构 Lojim[①] 在辅导小学生时，为了帮助学生提高数学成绩，会依据实际情况来为学生设定不同的目标，比如“减少计算错误”“学习教科书中例题的解法”“减少审题失误”等。如果在设定目标这一步出了问题，那么我们无论花费多少时间来

---

① 本书作者于 2004 年在日本创办的辅导机构。

做辅导，都很难取得满意的成果。

辅导机构 Lojim 面向的是小学一年级到高中三年级的学生。我们的目标是培养孩子解决问题的能力。

在这里，我们不会让孩子反复练习“用固定的解法去解答固定的题型”，而是会跟孩子一起讨论“如何解决一个自己从未见过的问题”。

我们会和孩子一起制订学习计划，思考如何提高各门主科的成绩。在“逻辑思维”的课堂上，我们还会和孩子一起讨论“如何避免迟到”“如何减少浪费食物的现象”“如何解决水资源不足的困难”等问题，以此培养孩子设定目标和解决问题的能力。

这本书是我作为辅导机构讲师和企业经营顾问的经验总结。写作本书的目的是帮助大家完成从学生到职场人士的转变，学会自己去发现问题和设定目标。

在这 15 年中，我一直在努力优化课程设计，务求让低年级的小学生也能轻松理解我的主张。因此，我相信这本书已经足够简明易懂。

本书对发现问题和设定目标的基本技巧进行了讲解，还十分重视列举实际的案例。

在正文中，我将详细地向大家讲解 “设定合理的目标为什么能够帮助我们减少无用功”“量力而为对解决问题的重要性”“问题和现象的区别”“为了设定合理的目标，我们可以使用哪些分析模型，可以在分析数字和信息时运用哪些技巧”“成功的企业家是如何发现和创造问题的”，等等。

在本书的最后，为了方便大家复习巩固学到的知识，我还准备了一些实际应用问题，来帮助大家在实践中提升发现问题和设定目标的能力。

作为一名职场人士，如果你想快速地取得理想的成果，这样的能力是不可或缺的。

“发现问题的能力”会随着经验的积累而有所提升。因此，我希望大家多多吸取他人的成功经验，为自己所用。

读过本书之后，我相信你看待问题的角度会发生变化，解决问题的能力也会有所提升，在工作和学习中一定能够取得理想的成果。

苅野进

目　录
CONTENTS

序　言

第 1 章

解决问题的第一步：设定合理的目标

第 2 章

聪明人只解决“能够解决的问题”

第 3 章

多问“为什么”，透过现象找问题

第 4 章

像专业顾问一样活用分析模型

分析模型是前人的经验总结

经营顾问所使用的分析模型案例集

第 5 章

从第一手信息中发现问题所在

第一手信息可以教会我们许多

数字和信息的分析技巧

第 8 章

通过实际的案例来练习一下吧

第1章

解决问题的第一步：设定合理的目标

设定目标才是解决问题过程中关键的一步。

所有的无用功都始于错误的目标

▲“我想考 A 中学”是个合理的目标吗

我曾经在自己创办的辅导机构 Lojim 中担任升学指导。

当时一个叫田中的学生很想考 A 中学，然而他的分数离录取线还有一定的差距。为此，他打算彻底放弃所有娱乐，把全部时间用在复习备考上。他来我们机构咨询如何合理制订学习计划和挑选合适的参考书。

有很多学生都遭遇过同样的困境。这所中学的确非常难考，让一名小学生将宝贵的时间全部投入备考之中更是难上加难。家长希望专业人士手把手地教孩子如何备考，但是从长远来看，这样做其实让孩子错失了自主学习的机会。

如果两个学生以相同的分数考入同一所中学，其中一个学生完全是按照父母和老师指定的学习计划备考，而另一个学生是自己来安排学习任务，那么这两个学生在中学阶段的适应能力将会天差地别。

在进入中学后，前者看到自己和同学之间的差距，其学习动力会大幅下降，很容易陷入恶性循环。

在小升初这一关键节点，孩子若是没能学会主动制订学习计划，相当于输在了升入中学的起跑线上。

我首先对“考上 A 中学”这个目标产生了质疑。

“考上 A 中学”是最终目的吗？显然不是。

“考上 A 中学”不过是**达成目标的一种手段**而已。

我问田中同学为什么想要考 A 中学，他列了很多理由，比如“A 中学有研究铁路的社团”“A 中学在教育方针上比较重视学生的自主性”“A 中学的英语课聘请了外教老师”，等等。

听完他的理由后，我向他介绍了其他的几所中学。如果考这几所中学的话，他可以在保证小学生应有的休闲和娱乐活动的同时，通过自己制订学习计划来达成目标。

这就是一个在目标设定上出现了问题的典型例子。对这个孩子来说，正确的目标应该是“考上一所既有铁路研究社团，又在教育方针上重视学生的自主性，还有英语外教老师的中学”。

从上述案例中可以看出，如果我们设定的目标不合理，就不得不勉强自己做许多无用功。

对一个小学生来说，将全部时间用来学习显然太过勉强，让专业的老师来制订学习计划也并不是必要的选择。

当然，想办法实现“考上A中学”这个目标也不是完全不可能。

但是，如果孩子因为过度劳累而失去学习动力，或者错过培养自己制订学习计划的能力的大好时机，那么即使他考上了A中学，也与自己真正的目标背道而驰。

考上A中学明明只是达成目标的一种手段，却被误认为最终目标。在这种情况下，我们根本无从判断自己解决问题的方式是好是坏。

这个案例告诉我们，思考“真正的目标究竟是什么”有多么重要。

▲ 放弃教师思维和学生思维

从小到大，我们从未对眼前的作业和习题产生过怀疑，只是一门心思地学习正确的解题方法。

如果一个学生经过老师指导后变得擅长解题，大家就会说这个老师的教学水平很高。如果一个学生能够学会解答各种类型的题目，大家就会说这个学生很优秀。

然而，现实社会的情况却和学校截然不同。有时候，你努力解决了一个问题，却发现并没有得到预期的效果。相反，有时候应该解决的问题一直藏在被我们忽视的角落之中。这样的情况屡见不鲜。

换句话说，在现实社会中，一个人的主要任务应该是思考“我究竟应该解决哪些问题”。

有的人进入社会后还保持着学生思维，希望别人给自己“留作业”；有的人则站在老师的立场上，想要给他人做出明确的指示。这并不是在解决问题，不过是在机械性地重复别人给出的正确解法而已。

如今，通过编程让机器人来完成工作，已经变得非常容易。

作为人类，无论多么困难，我们都要学会去寻找“我真正应该解决的问题”。

▲ 眼前的问题应该成为我们行动的目标吗

在讨论这个问题之前，我们先来看下面这道数学题。

求四边形 ABCD（图 1-1 中黑色阴影部分）的面积。

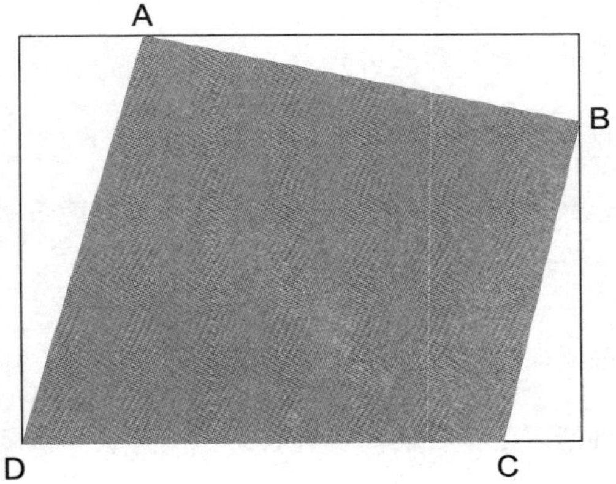

图 1-1　四边形 ABCD

面对这道题，如果我们按照题目的要求直接计算四边形的面积，是计算不出来的。

四边形 ABCD 并不是正方形或平行四边形这种规则的四边形，无法用公式来计算其面积。

这时候，我们可以将注意力从四边形 ABCD 上挪开，拓宽自己的解题思路。

通常而言，一个图形的面积可以用三种方法求出：

1. 直接用公式计算该图形的面积。

2. 从整个图形中减去该图形以外部分的面积，剩下的就是该图形的面积。

3. 将该图形进行分割，分别求出各个部分的面积后再相加，得出的总和就是该图形的面积。

这三种方法均可达到目的。

有时，我们选择的解题方向就决定了我们能否解开眼前的题目。

正如前文所说，这道题无法用第一种方法来求解。

在这种情况下，我们需要选择第二种方法，也就是将问题转换为“从整个矩形中减去四边形 ABCD 以外部分的面积”，这样一来，剩下的部分自然就是四边形 ABCD 的面积了。

从这个例子中可以看出，有的问题看上去无法解决，但我们只要换一种思维，重新设定一下目标，就能够找到突破口。

我写本书的出发点，就是想让大家学会质疑，想一想“眼前的这个问题是否真的有助于我们达成最终目的”。

本书的目的就是帮助大家学会设定更加有效的目标，从而能够取得让自己满意的成果。

▲ 错误的目标设定必然会带给我们困扰

我相信很多人在高中时都有这样的经历：自己明明已经认真做完了老师布置的习题，但考试成绩依然不太理想。

在期末考试前，很多学生会把数学练习册上老师布置下来的部分做完，然后交给老师。而老师给学生设定的目标只有一个，那就是“按时交作业”。

如果学生只想按照字面意思来完成老师设定的目标，那就只需要将习题册写满，然后按时交上去即可。高中时，我也是这么做的。不管对错，只要做了作业就行。随便列几个算式，最后用红笔批改一下，看上去很像那么回事。

只要完成这一系列工作，“按时交作业”的目标就达成了。然而，考试中并不会出现练习册上的原题，“在考试中取得好成绩”这个目标依然遥不可及。

如果我们将目标设定为“针对考试进行学习”，那就可以采取一些更加有效的方法。比如，我们可以在自己不会做的题目旁边做个记号，多复习几遍，或者挑选一些比较重要的题型做专题练习。

能做到“理解老师布置作业的真正意图，给自己设定合理的目标”这件事，对学生今后的成长会产生巨大的影响。

▲ 什么样的人才是善于设定目标的人

“善于设定目标”意味着一个人能够找到最简捷的途径来获得自己想要的结果。

反之，不善于设定目标的人常常会绕远路，或是选择崎岖难行的路。这样的人往往很难得到自己想要的结果，即使达成目标，也会付出一定的代价。

对一名学生来说，在目标设定上出现偏差只会导致题目做不出来，或者考试不及格这种影响较小的损失。而在工作中，浪费时间和机会往往会造成非常严重的后果。

有的人本来想通过完成目标来取得好的成果，结果不仅没能取得令人满意的成果，反而损害了自身利益，白白浪费了宝贵的时间和资金。所以说，在目标设定上出现偏差，并为此付出无谓的劳动，是一件非常危险的事情。

很多公司在被竞争对手赶超、出现经营困难后，会选择破釜沉舟，投入大量的资金来开发新产品。结果往往是新产品没有掀起任何水花，公司反而陷入了破产危机。这样的例子比比皆是。

当一个公司的总经理提出“我们要开发这样的新产品”后，该公司所有的技术人员都会全身心投入新产品的开发中。如果最终新产品成功上市，却完全卖不出去，那么大家该有多失望。在这个过程中，总经理所设定的目标从一开始就出现了问题。

“设定目标”这项工作，无论是在学习中还是在工作中，都占有至关重要的地位。

随着工作自上而下地逐级推进，不同出发点之间的微小差距会被不断放大，最终将事情的发展引向完全不同的终点。

由此可见，设定目标的能力对领导者来说十分必要。在我们成为领导者之前，必须多加训练这一项能力，为今后的升职打下坚实的基础。

不仅如此，有时就算我们成功解决了问题，也可以再想一想还有没有更好的做法。这个自我反思的过程也非常重要。

为了解决同样的问题，我们的竞争对手很可能采用了更加简单高效的方法，从而获得了竞争优势。因此，我们也要多反思，收集各种信息，不断地提升自己的能力，努力成为善于设定目标的优秀人才。

没有合理的目标，哪来令人满意的成果

▲ 关注公众号即可获得超值优惠

有一位主题公园的经营者由于营业额过低而愁眉不展。

为了吸引更多游客，常规的办法是在网络或杂志等媒体平台上投放广告。相信大家都在电视上见过类似的宣传广告。然而，想要提升营业额，真的只有“吸引更多的游客”这一种办法吗？

现如今，媒体广告方面的投资回报率正在逐渐降低。如果这家主题公园想提升知名度，吸引更多的游客，不仅需要投入大量的广告，还需要对广告做很多艺术加工，来吸引儿童的注意力。这是一项难度很大的工作。

在对园内游客进行的问卷调查中，游客们提出了很多建议，比如“希望能够提高园内的餐饮水平”“希望增加纪念品的种类”“希望增加可付费的优先搭乘系统”，等等。

由此我们可以看出，这些游客都很愿意通过消费来获取更加优质的服务。也就是说，**在我们面前，还有许多更加现实并且有效的问题需要我们解决**。

一般来说，提到“提升营业额”，大多数人会立刻想到要设法吸引新的游客。

然而，吸引新游客的难度其实很大，且需要花费巨额的成本。有时，经营者眼中优秀的产品和宣传广告，不过是路人眼中的无趣之作。这些东西不会给他们留下丝毫印象。

因此，现在的企业会使用微信公众号等各种手段，来努力留住那些对自己的产品表示感兴趣的人。

很多人对“关注公众号即可获得超值优惠”这件事感到十分不解。这是因为他们并不知道，如果企业想吸引新的顾客，需要投入的成本比这还要多。这样一想，大家就会明白，那些已经对自己的产品表现出兴趣并愿意花钱购买的现有顾客对一家公司有多重要。

为了让这些顾客愿意再次甚至多次重复购买产品，企业应该怎么做呢？

除了已经购买的产品，这些顾客还会对哪些产品感兴趣？

显然，我们可以通过对光临本店的顾客进行问卷调查，来获取类似的信息。针对现有顾客的需求来进行产品优化，显然也是非常高效的市场策略。

对企业来说，最有效的广告策略就是在社交平台上吸引现有顾客的注意力，让这些顾客来继续消费。在这个案例中，我们需要在现有顾客和新顾客之间选择合适的目标群体。不同的目标设定，会导致两者所付出的成本和最终效果产生巨大的差别。

▲ 提升客户满意度的关键

当我们明确目标群体后，下一步的目标就是提升客户满意度。为此，我们有必要谨慎地看待顾客提出的意见。

很多时候，顾客并没有搞清楚自己真正想要的是什么。在这种情况下，就算我们解决了问题，顾客的满意度也并不会有所提高。

在营销管理学科中有一句著名的格言：

People don’t want to buy a drill. They want a hole.（人们只是想要一个洞，并不是想买钻头。）

如果顾客说需要钻头，我们就开始卖钻头的话，他们只会提出更多的不满，比如“家里没地方放”“好久没用，结果不好用了”等等。因为顾客真正的目标并不是“买钻头”，而是“在墙上钻洞”。所以，就算我们真的开始卖钻头，顾客也不可能感到满意。

我以前做经营顾问的时候，曾经帮助一家公司招聘应届毕业生。当时，该公司的负责人向我提出了这样的要求：“今年有 2000 名应届毕业生来我们公司应聘，我希望明年能够增加到 3000 人。我们有足够的预算，请帮我们做一个策划案。”

此时，如果我直接将目标设定为“使应聘人数增加到3000人”，那就只需要做一个广告策划案，然后给出具体的预算即可。但我首先想到的是，这家公司为什么想要3000个人来应聘呢？

大家都知道，企业招聘的目的是“招收一定数量的符合该企业要求的人才”。如果只是“使应聘人数增加到 3000 人”，而其中并没有那么多人符合职位的实际要求，那也没有任何意义。

这样一来，就算我能成功满足对方的要求，对方对我的印象也只会减分。这听起来有些不讲道理，却是事实。

在接下来的沟通中，对方告诉我说："我们公司销售部去年招进来的新人都有十分优异的表现。大家觉得新鲜血液会让公司更加充满活力，所以，今年各个部门都想招收一些新人。"这就是他们想要增加应聘人数的原因。

但是，该公司的所有部门都要招聘新人的话，适合这些职位的人才与去年销售部招进来的新人就不会一样。在这种情况下，如果我们还用与去年相同的招聘广告来吸引毕业生的话，想必很难招到符合管理部门和技术部门需要的人才。

于是，我告诉负责人，我们的目标不应该是"使应聘人数达到 3000 人"，而是应该思考"如何提高应聘人员的质量"，以及"为了面向不同的群体，今年的招聘广告和去年相比需要做出哪些改变，向应聘者传达哪些信息"。

最终，我们一起讨论了一下哪些人才更适合管理部门和技术部门，然后确定了具体的招聘策略。

▲ 认真思考上司指示的真正意图

不知道在大家的身边有没有发生过这样的事情：有些人明明是按照上司的指示来做事，却得不到上司的任何肯定。

我在担任经营顾问时，曾经把用来向客户做汇报的资料交给上司审查。上司指出其中一个表格不够清晰明了，让我用不同的颜色来做区分。我按照他的指示做了。但是，当我修改好后，他还是皱着眉头说“读起来有些费劲”。

当时，我曾在心里埋怨他瞎指挥。现在回想起来，当时的我确实不够成熟，没有认真思考这条指示背后的真正目的，只是机械地完成了上司布置的任务而已。

这份资料是用来给客户做初次汇报的，而客户都是年纪比我大很多的企业领导层。所谓“表格不够清晰明了”仅仅是一个表面现象，其背后真正的问题是，**“我所做的汇报资料无法在初次汇报时给位居企业领导层的客户留下深刻的印象”**。

上司通常都很忙，他们可能没有完全意识到问题究竟出在哪里。

因此，我们需要养成质疑的习惯，不能只是不假思索地执行上司的指令，而要学会寻找本质问题。

▲ 根据最终目的来设定目标

请大家从另一个角度来思考一下我刚才提到的两个案例。如果我完全按照客户和上司设定的目标来工作，他们会感到满意吗？

答案是并不会，他们只会感到莫名的不满，老是觉得哪里不太对。最后，想要招聘新人的企业可能招聘不到自己想要的人才，我给客户做的初次汇报也可能无法取得理想的效果。

很多人只会从字面意思上来理解客户和上司所提出的问题。他们总是想着“既然你让我这么做，我就这么做，就算结果不好也是没办法的事”，然后一味地按照客户和上司的指示来做事。

无论你是向下属做出指示的领导，还是向乙方提出要求的甲方，都需要提升自己设定目标的能力。这样才能让工作变得卓有成效。

此外，当我们向对方表达自己的意见时，可以告诉对方：“这只是我给出的一种解决方式，如果你觉得换一种方式能更好地达到目的，可以随时向我提出来。”这种双向的交流也非常重要，有助于我们顺利实现最终目的。

▲ BOOKOFF 和 BIKE 王为何更注重吸引卖家

所谓“创业”，就是要解决别人尚未注意到的问题。

创业者需要**从整个社会中寻找其他人还没有解决的问题**，然后通过解决这个问题来为顾客创造价值。只要我们能率先找到这样的突破口，就可以成功创业，或是发展新业务，以此扩大企业的规模。

很多想要创业的人都会从二手交易入手。他们对二手交易的印象就是低买高卖，抱着“只要卖得比别人便宜，就能轻松找到买家”和“只要利用网上交易平台，总会有客人上门”的念头。

雅虎拍卖、Mercari（煤炉）等二手交易平台使用起来十分方便，在日本几乎是家喻户晓，这也会让人们很有亲近感。但是，我们一旦真正开始做就会发现，二手交易成功的关键并不是吸引买家。

恰恰相反，进货才是其真正的难点。在二手交易中，商家无法自由选择收购哪些产品。如果没有人拿二手的东西来卖，那二手交易就无从谈起。

BOOKOFF（日本最大的二手书连锁店）的广告语是“卖书就到 BOOKOFF”，而 BIKE 王（日本主要经营摩托车买卖、租赁与维修的连锁企业）的广告语则是“卖摩托车就到 BIKE 王”。

这些企业的广告并不是为了吸引买家，而是想通过吸引卖家来提升二手交易平台的进货量。准确的市场定位让 BOOKOFF 和 BIKE 王的广告很快征服了广大卖家。两家企业顺利解决了“进货”这个难点，在二手交易市场上打开了局面。

由此可见，为了获取商业上的成功，增加企业的销售额，“设定合理的目标”真的非常重要。

▲ ZOZOTOWN 在新问题中抓住新商机

在 ZOZOTOWN（日本著名时尚购物网站）刚刚创立时，很多人都在想：“现在开始搞时尚购物平台是不是太晚了？”但为什么这样一个看似平平无奇的业务竟然会发展到如此巨大的规模，甚至在各类电商平台中遥遥领先呢？

ZOZOTOWN 主要面向两种客户：一种是买衣服的消费者，

另一种是开网店的服装厂商。ZOZOTOWN 的目标设定非常巧妙。它解决了服装厂商面临的一大难题，而这个难题一般人很难发现。

从一般消费者的角度来看，ZOZOTOWN 只是一个销售平台。然而事实上，ZOZOTOWN 是一家物流公司。

ZOZOTOWN 先是建造了很多大型仓库，让服装厂商将货品寄送到这些仓库中，然后雇用模特来拍摄衣服的效果图，并发布在网站上。当顾客下单后，ZOZOTOWN 还会负责包装和邮寄等环节。也就是说，ZOZOTOWN 解决了一直以来困扰所有服装厂商的网络销售以及物流问题。

因此，ZOZOTOWN 和传统的服装店不同，它并不会直接从厂商手里买断产品，而是帮厂商来做网络销售和物流工作。

只要厂商将新产品寄送到 ZOZOTOWN 的仓库，第二天模特的上身图就能发布在网站上。这些工作如果是厂商自己来做，会十分麻烦。

正是由于 ZOZOTOWN 给服装厂商提供了如此细致周到的服务，才使得大量的服装品牌能够在短期内入驻平台，而丰富的产品种类也会吸引更多顾客。这就形成了一个良性循环。

就算是在一个早已成熟的行业中，我们也可以通过发现新

的问题来抓住新的商机。ZOZOTOWN 的案例很好地证明了这一点。

▲ 用小投资实现的足立区美味午餐

东京的足立区从 10 年前就开始推进一个名叫“美味午餐”的计划：在学校午餐中使用应季的食材，将烹饪场所从供餐中心转移到各个学校的校区内，以便学生能够及时吃上热腾腾的饭菜。

自从计划开始推行后，学生的剩饭量减少到了原来的 1/3。一些学校推出的原创调味料更是深受学生的欢迎。值得注意的是，这个计划的目标远不只是“向学生提供美味的午餐，减少剩饭量，提高学生的满意度”，而是还有更加深层的考量。

足立区的近藤区长曾经指出：“足立区的不足之处主要有四个方面，治安、经济、教育环境和居民健康。”为了解决这些社会问题，她决定从“提高学校午餐的质量”这一点开始。

由于足立区居民整体的收入水平不高，很多家庭无法为孩子提供营养均衡的饭菜。这样一来，孩子不仅会出现健康方面的问题，上课时也很难集中注意力。时间一长，孩子的成绩下降，就会导致学生逃学、治安恶化等各种问题。而这些问题又会导致经济日益衰落，形成恶性循环。

由于资金和人力有限，想要同时解决所有的问题几乎是不可能的。为了打破这一恶性循环，足立区决定将目标放在“提高学校午餐的质量”上，以此为突破口来解决问题。

一直以来，学校午餐给人的印象都是“填饱肚子就行”，而足立区彻底颠覆了这一传统认知，成功在一顿饭 300 日元的预算内，大幅度提高了学校午餐的质量。更令人欣慰的是，在足立区学校的午餐质量得到改善后，足立区学生的成绩有了明显的提高，超过了全国的平均水平。与此同时，区内的犯罪数量也有所下降，治安出现了明显的改善。

当然，这样的进步并不全是“美味午餐”的功劳。但是通过这件事，大家深刻地体会到了“民以食为天”的重要性。足立区政府这种积极解决社会问题的态度也给民众留下了很好的印象。

这个案例告诉我们，当我们面对一个巨大的问题时，不妨先从中找一个突破口，优先解决一个关键的小问题。这也是目标设定能力的一种体现。

第1章的关键点

目标设定能力是一种发现问题的能力。

我们应该寻找那些“解决后能够产生效果以及解决起来有意义”的问题。

为了提升这种能力，我们需要多思考：

“我的最终目的究竟是什么？”

“解决眼前的这个问题能否帮助我们达成最终目的？”

第2章

聪明人只解决“能够解决的问题”

现实中的问题和学校作业中的问题有哪些区别?

首先要想清楚"这个问题能否被解决"

▲ 将解决不了的问题往后推

面临需要解决的问题时，很多人会以"解决问题后能够产生的影响"为依据，来判断问题的重要程度。然而在这之前，我们需要先判断"这个问题能否被解决"。

当然，大家都可以拥有自己的梦想或是经营理念。但是，很多人在无法实现的目标上花费了大量时间和金钱，最后穷途末路，一无所有。这样的案例比我们想象中要多得多。例如，小学生在学数学时通常会遇到两大难关：一个是几何图形，另一个是列举法。关于这两种题型的参考书实在数不胜数。在备考小升初时，很多父母会来找我们这样的辅导机构或者家庭教师，希望我们能针对这两种题型给孩子做一对一辅导。然而事实上，这两种题型和小学数学中的其他题型有很大的区别。要想让孩子熟练地解答出这两种题目非常困难，可以说几乎不可能。

因为，在解答这两种题目时，小学生无法对自己求出的结果进行验算。甚至辅导机构的老师都不能确定自己的答案百分之百是对的，在写解法示例时也常常出现错误。这两种题型与方程式、应用题有着本质区别，方程式可以将求出的解代入算式中，检验两边是否相等，应用题也可以把得数当作已知条件代回题目中进行验算。

因此，我们不应该让孩子在这两种题型上耗费太多时间。无论是在备考过程中，还是在正式考试中，学习都应该做到有的放矢。让我们一起来看一看下面这两道例题。

这是一道关于列举法的例题。请看图 2-1。

从 A 点出发，经过 B、C、D 三点后回到 A 点，在不走重复路线的前提下，共有几种走法？

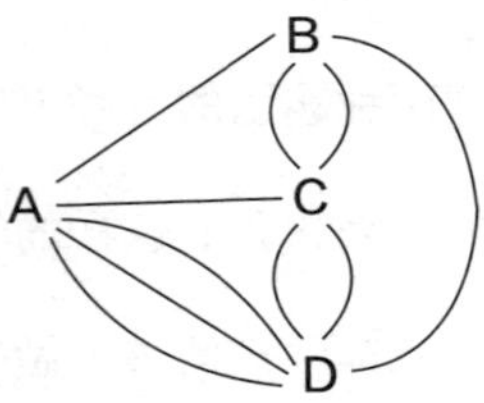

图 2-1　列举法例题

然后请大家再看一看下面这道“鸡兔同笼”问题。

桌上有 10 张邮票，其面值有 50 日元和 80 日元两种，共计 680 日元。请问两种面值的邮票分别有几张？

在解答第一道列举法的题目时，我们很难验证自己得出的解是否正确。而在解第二道“鸡兔同笼”问题时，我们只要将自己得出的解代回题目中计算一下，就知道自己得出的解是否正确。

列举法对学生思维的全面性要求很高，而“鸡兔同笼”问题则不同，只要按照步骤来做，就可以得出正确的结果。因此，学生无论下多大的功夫，都不可能在列举法和几何图形的题目上做到万无一失。

在商业和政治领域，也有人提出过十分理想化的目标，比如，“在公司中打造一个最棒的创意团队，源源不断地设计出新产品，让公司在行业中遥遥领先”，或者“构建一个新的教育体系，让学生都成为马克·扎克伯格那样的天才”。很明显，这种过于理想化的目标几乎不可能实现。

用“一个天才的想法”来解决所有问题，这样的目标通常都很不现实。

学习“如何灵光一闪”，就像学习“如何打造爆款产品”

一样，几乎可以算是玄学。这方面的书籍基本都是事后诸葛亮，只是对已经出现的热门产品进行分析。至少在现阶段，我们还无法人为地创造销售神话。因此，这样的目标都可以被归类为“解决不了的问题”。

再比如，经济领域中有一个著名的千古难题，那就是定价问题。所谓“定价问题”，就是思考产品价格为多少时销量最高。在东京新宿区有很多鳞次栉比的电器商场。很多商场的名字相同，只能加上“1号馆”“2号馆”来进行区分，卖的东西也大同小异。在这种情况下，怎样定价才能使销售量最大化呢?

有的人可能认为，只要定价比其他店铺低，销量就一定更高。然而事实并非如此。现如今，我们可以通过软件对包括网店在内的所有店铺的定价进行比对，找到最低价格。可是实际上，售价最低并不等同于销量最高。即使单看网店，比价网站上给出的售价最低的店铺，也不一定就是销量最高的店铺。

在很大程度上，销量取决于售货员察言观色的本领和舌灿莲花的话术。当然，如果我们能够对这种话术进行全方位分析，将其广泛应用到各个行业，必然会取得巨大的成果。但是，这样做难度也很高。

综上所述，对于那些现阶段很难解决的问题，还是不要投入过多的时间和资金为好。

▲ 在设定目标时，不要太过想当然

有些人在设定目标时，会把实现目标的过程预想得过于顺利，这十分危险。我所说的"想当然"，是指将实现目标过程中所需要的好运气都看作理所当然。

比如有的人认为，"只要我们抢在别的大企业之前推出这种新产品，而对方也未采取任何反击措施，他们的顾客自然就会喜欢我们的产品，最后转向我们的品牌"，因此决定继续投入大量资金来开发新产品。

然而，开发新产品不仅需要投入大量的时间和成本，还需要成熟的技术。因此，开发过程本身会耗费大量的劳力。更何况，企业的目标并不应该是开发新产品，而应该是着眼于开拓新市场和得到市场的认可，以取得高收益为最终目标。很多创新型企业会在不知不觉中忘记这一点。

此时我们需要冷静地思考，"抢在别的大企业之前推出这种新产品，而对方也未采取任何反击措施，他们的顾客自然就会喜欢我们的产品，最后转向我们的品牌”这个目标实现的可能性究竟有多大。

我们可以想一想以下几个问题：

- 大企业推出同样的产品需要多长时间？
- 大企业对该产品的定价如何？
- 大企业顾客的忠诚度如何？
- 如果这个目标没能顺利实现，我们是否还有别的对策或足够的资金来应对失败？

以前我做经营顾问的时候，遇到过一家风投企业，他们认为当时日本市场上的产品价格大多都比较高，所以想用更低的价格来抢占市场。而我用前文提到的方式进行思考后得出的结论是，这样的策略很难让企业长久地维持下去。

大企业的实力都很雄厚，如果开始打价格战，风投企业肯定会先败下阵来。更何况，从一些企业的失败案例中也能看出，日本人对老品牌的忠诚度非常高。如果我们不局限于某种特定的产品，而是对大企业所销售的各种高端产品进行分析，再用更低的价格推出质量比较普通或是和大企业质量相仿的产品，则会有更强的可行性。

FUNAI（船井电机，日本一家消费电子公司）就是一个很好的前车之鉴。他们完全没有对推出首发产品之后的发展路线进行规划，结果首发产品上市后没几年，公司就陷入了经营困境。

上文提到的风投企业推出新产品时，很多媒体都争相报道说："这家风投企业用如此低廉的价格，使产品具备了如此完整的功能。"结果短短几个月后，其他大品牌就纷纷开始降价。最后，很多顾客宁可多花一点钱，也会选择购买知名品牌的产品。

想让企业走得更加长远，就不要将实现目标的过程预想得过于顺利，而是应该提前想好过程中可能会遭遇的困难和坎坷。

欲速则不达，从优先度更高的问题着手

▲ 跳出“什么都想做”的陷阱

我们想要解决某个问题时，首先要做的是对眼前的所有事项进行简化和整理。

如果一个人在目标设定方面缺乏经验，那么他面对问题时很容易陷入“什么都想做”的误区。

在我们的周围，会有很多人站在不同的立场上发表自己的看法。他们告诉我们“这个很重要”“那个也很重要”。这样的话听多了，会让人觉得仿佛所有的事都同样重要。然而，想要一次性解决所有的问题显然过于困难。即使最终能够做到，也会花费掉大量的时间。

与其用五年的时间来同时解决五个问题，不如一年解决一个问题，这样效率会更高。我之所以这样说，是因为解决一个问题所带来的正面效果，很可能会使解决剩下四个问题的过程变得更加轻松。

同时，在这五年期间，我们所处的环境和状态必然会发生变化。如此一来，我们需要解决的问题和最终目的也很可能会随之改变。因此，最合理的方式应该是集中力量解决当前优先度最高的问题。

就像我在前文中提到的“足立区学校的美味午餐”一样，理想的目标设定方式，应该是先从当前面对的诸多问题中选择投资回报率最高的那一个，将其彻底解决。

在遇到问题时，大多数人会先去想“我该如何解决这个问题”。然而实际上，正确的顺序应该是先思考“解决这个问题需要投入多少时间和金钱”，然后再判断“当前是否应该解决这个问题”。

当然，“目标设定”这件事其实并不存在最优解。但我们依然需要时常使用这样的思维方式来对眼前的问题进行筛选，从而避免出现重大的决策失误。尤其要注意的是，千万不要将时间和精力花费在前文中提到的“不可能解决的问题”上。为此，我们在设定目标时应当遵循以下两个步骤（图 2–2）。

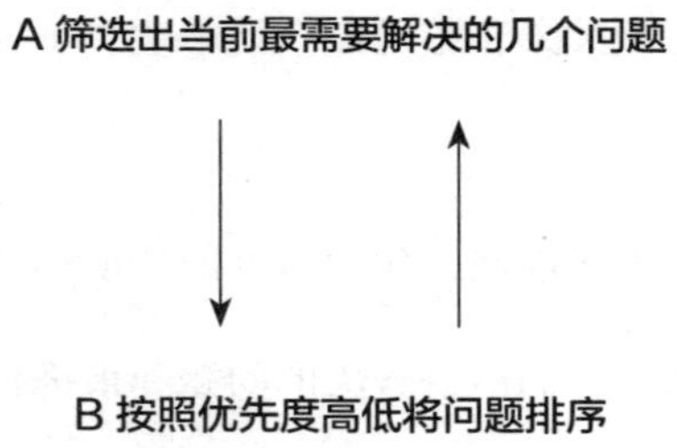

图 2-2　步骤 A 与步骤 B

我们通过步骤 A 排除了“不可能解决的问题”，避免了决策的方向性错误。步骤 B 则能帮助我们进一步筛选出需要最先着手的问题。接下来，我们需要不断重复 A 和 B 这两个步骤，来确认自己当前正在解决的问题是否为“投资回报率最高的问题”。总之，我们不必一次性解决所有的问题，从优先度更高的问题着手，反而可能会产生意想不到的效果。

▲ 筛选问题的两个标准

一个小学生为了提高数学成绩，想要解决如下几个问题：

- 减少计算错误
- 提高解几何题的能力
- 学会解应用题

- 尽量避免由于粗心所产生的错误

在这种情况下，如果他想同时解决所有的问题，那么很可能还没有看到任何成效，就迎来了下一次考试。

反之，如果这名学生先对问题的优先度进行排序，选择在短期内先达成“减少计算错误”的目标，那么他在接下来的考试中能明显减少在计算题上的失分。与此同时，由于计算能力得到了提升，他在解答应用题时也能将更多的注意力放在对文字内容的理解上，从而有效提高考试的得分率。这样一来，我们就成功地从眼前的多个问题中筛选出了关键的问题。

想要成功筛选出关键的问题，关键在于以下两个标准：

- 在短时间内就能够取得效果
- 解决该问题后所取得的成果会对解决其他问题有所助益

同时符合以上这两点的问题，就是我们应该优先解决的问题。比如，上述的“减少计算错误”就满足这两点标准，其他的选项要么在短期内难以有效解决，要么实施难度更高，都不适合作为提高数学成绩的突破口。

当然，我们在努力减少计算错误的同时，也要多思考有没有其他方法可以提高数学成绩，寻找更加高效的解决方式。如果我们在解决问题的中途改变目标，就会在心理、实际操作和组织决策等方面遇到很大的阻力。

因此，在还不是很擅长设定目标的阶段，我们可以优先解决**“难度较低、短时间内能够见到效果”的问题**，这样效率比较高。

▲ 目标设定不必苛求完美

为了向大家证明目标设定的重要性，我列举了一些失败的案例。但实际上，目标设定并不存在所谓的“最优解”。无论你设定的目标看上去多么合理，都可能会存在更合理的解决方案。

有时，过分纠结于设定“完美目标”，不敢迈出第一步，也会使宝贵的机会悄无声息地溜走。我在前文中跟大家讲了许多“错误的目标设定”所带来的后果。但是，由于目标设定本身并不存在最优解，我希望大家也不要因噎废食，觉得设定目标是一件很可怕的事情。

只要大家平时多加注意，按照本书所介绍的方法来设定目标，就会比什么都不知道要强很多，可以在工作和学习中有效地规避风险。“不重复、不遗漏”是逻辑思维中的一条重要原则。但这并不意味着，只要方案没有做到“不重复、不遗漏”，就不可以付诸实施。我们需要在“追求完美”与“时间和成本”之间找到平衡点。

▲ 学会放弃不必去做的事情

在设定目标时，我们不仅需要将自己要解决的问题列举出来，还需要对这些问题进行筛选和取舍，放弃那些“可以推迟”“解决不了”，或是“没有必要过分深入”的问题。事实上，“筛选和取舍”（图2–3）要比“列举和实行”困难得多。

当我们想要追求“不重复、不遗漏”，什么事情都去做时，心里的确会产生一种满足感。努力到最后，就算结果不尽如人愿，我们也可以跟别人解释说自己已经尽力了。

然而需要注意的是，这样会花费大量的时间成本。因此，大家只要将“不重复、不遗漏”当作一条普通的注意事项即可，不必在上面花费过多的精力。

在我所指导的学生中，既有小学生，也有高中生。面对那些正在备考的学生和家长，我都会说下面的话：学生在备考的过程中，应该学会根据自己的实际能力和备考时间来合理制订

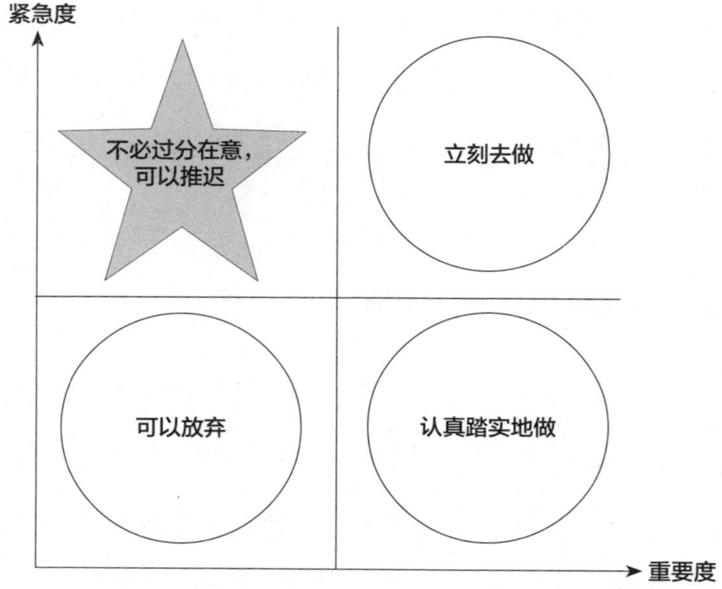

图 2-3　筛选和取舍

学习计划，特别是**一定要学会判断哪些事情是可以推迟的，哪些事情是不必去做的**。

正如我在前文所说的，当学生进入社会后，这种判断力会成为他们重要的能力之一。

如果家长认为“只要能通过考试就行”，将孩子学习成绩的测评和学习计划的制订一股脑地交给辅导机构来做，这完全是在浪费时间。过于理想化地追求全面和完美，把所有问题都视为同等重要，这样实在是欠缺考虑，算不上是好的策略。

第 2 章的关键点

我们的最终目标是解决问题。

不必过分追求完美。

第3章

多问“为什么”，透过现象找问题

搞清楚问题和现象的区别，
才能从根本上解决问题。

现象为什么无法彻底消除

▲ 现象是问题引发的表面事件

所谓“好的问题”，就是在解决后能够产生效果的问题。

一个问题被解决后产生的效果越好，这个问题自然也就越好。在这里，我想请大家反过来想一想“什么样的问题是不好的问题”，由此来进一步加深我们对“好的问题”的理解。

其实区分“好的问题”和“不好的问题”的关键只有一个。那就是不要将现象和问题混为一谈。

所谓“现象”，只不过是问题引发的表面事件。因此，就算我们消除了眼前的现象，只要问题依然存在，同样的现象还是会再次发生，或者出现在不同的地方（图 3–1）。

举个例子，请大家想一想“在车站附近违章停车”的问题。如果有很多人在车站附近违章停车，会给车站附近的行人和紧急车辆带来不小的困扰。但是，“违章停车”这件事本身其实只是一个表面现象，并不是本质的问题。

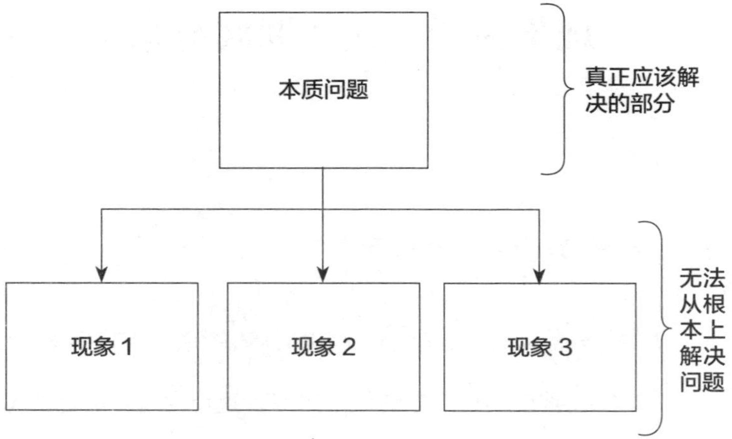

图 3-1　现象与问题

就算交警加强管理，积极取缔该区域的违章停车行为，只要关键的两个问题——“车站周边缺少停车位”和“车站附近的公共交通系统不够完善”——没有得到解决，就必定还会有人钻交警执法的空子，导致“违章停车”现象死灰复燃。

更有甚者，对违章停车进行取缔还可能导致新的问题。比如，有些人可能没有其他可用的交通方式到车站，车站附近的商店街可能会因此遭受重创。

像这样，如果我们只是消除表面现象，就很难取得令人满意的效果，有时甚至可能根本产生不了任何效果。在这种情况下，我们需要深入思考，找出现象背后的本质问题。只要解决了“车站周边缺少停车位”和“车站附近的公共交通系统不够完善”这两个问题，车站前的违章停车现象就会消失，也不会引发新的问题。

▲ 从现象入手找到本质问题

从现象入手寻找本质问题的方法只有一个，那就是反复地问“为什么”。

我们可以先问自己：“为什么违章停车的人那么多呢？”当我们得出答案“因为车站周边缺少停车场”后，可以再问自己：“可不可以多建停车场？”如果答案是“不行”，那就再继续思考“为什么不行？”。

如果无法建造停车场的原因是“车站周边没有空地”，那么这个问题就是一个无法解决的问题。此时我们只能放弃，再从另一个方向——“完善公共交通系统”来考虑解决方法（图 3–2）。

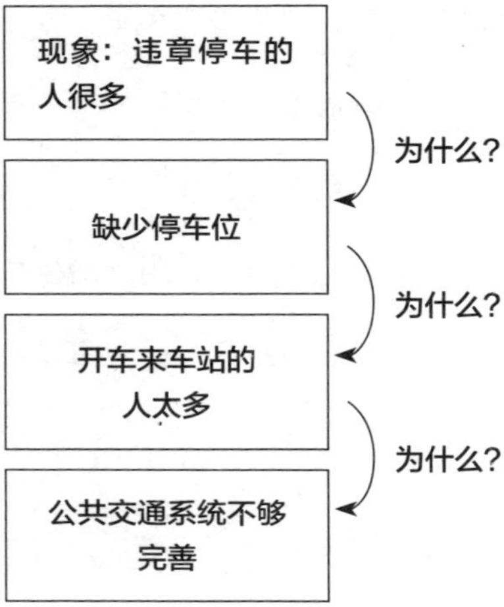

图 3-2　违章停车现象的根源

大家一定要养成习惯，在日常生活中多思考“这究竟是现象还是问题”，不要只向下挖了一层就沾沾自喜，觉得自己找到了本质问题。

当我们想解决车站周边的违章停车问题时，把原因归结为“车站周边缺少停车位”是不够的，一定要继续寻找更深层次的原因。像“车站周围没有空地”这样的本质问题，往往还隐藏在更深处。只有反复地问“为什么”，我们才能顺藤摸瓜，让本质问题真正浮出水面。

▲ 被现象所迷惑的人只是在缘木求鱼

当我们没能成功找到本质问题时，我们所做的很多努力甚至可能会带来反面效果。这样的悲剧也曾经发生过。

曾经有一名小学生由于成绩不好而十分烦恼。他的家长很擅长学习，为他制订了非常周密的提分计划。这位家长把孩子考试丢分比较多的题型都总结了出来，然后准备了大量类似的题型，准备通过专题练习让孩子彻底掌握相关知识点。

由于这位家长很擅长学习，他知道如何制订学习计划才能更容易让孩子理解。他准备的练习题和复习计划都非常细致，具有较好的可行性。然而，孩子按照他制订的计划学习了一段时间，成绩却并没提高多少。

对小学阶段的孩子来说，“成绩不好”并不等于“没有理解知识点”。这个孩子的情况也是如此。在我与这名学生的谈话中，他跟我讲了两点原因：

- 他想学自己喜欢的科目，但是家长总是让他学其他科目，所以他没有学习动力
- 他在精神上产生了疲劳感

的确，这名学生的理科学得不错，老师给出的评价很高，考试的成绩也很好。但是，在小升初的模拟考试中，理科所占的分值比重并不高。家长在制订学习计划时，将重点放在了分值比重较高的数学和语文上，想让孩子在这两个科目上少丢一些分。

对小学生来说，“精神上的疲劳感”是非常影响学习成绩的。因为在很多小学阶段的考试中，阅读理解能力和逻辑思维能力这两种基本能力甚至比各科知识点本身更加重要。

也就是说，学生通过学习某一科目来提升阅读能力、审题能力和逻辑推理能力，也会对其他科目的学习产生良好的促进效果。

由于该学生本人很喜欢理科，希望能够多学习一些教材内容以外的知识，我们也决定尊重他的意愿，由辅导老师和家长一起为他提供必要的支持。这样一来，他有了更多机会来阅读参考书，语文的说明文阅读水平也有了很大的提高。不仅如此，通过对理科的学习，他还掌握了很多数学方面的知识，有效地促进了数学成绩的提高。

在执行新的学习计划的过程中，该学生的自学能力也有了显著提升，从“不会”到“会”的过程大大增强了他的自信，使他对其他科目的学习也产生了兴趣，变得更加愿意去挑战自己不擅长的事物。

我们从这一案例中可以看出，不去挖掘“考试成绩不好”现象背后的原因，只是对学生不擅长的学科进行指导，反而会使“学生的精神疲劳”这个本质问题愈演愈烈，导致成绩的下降。按照这种被现象所迷惑的方法来解决问题是非常危险的。

生活中的一些典型现象

▲ 加班现象为什么解决不了

在日本，每隔一段时间，加班问题就会闯入大众的视野。

每次都是几乎相同的事件成为导火索，然后大家会一致要求“减少加班，让工作方式更加人性化”。然而用不了不久，同样的事情还是会再次发生。这是因为我们没有找到“加班多”现象背后的原因，本质问题完全没有得到解决。

“定时强制下班”这样的措施，只能从表面上消除“加班多”的现象。很多公司会要求办公室定时强制熄灯，或是将员工的加班时间与上司的业绩考核挂钩。

然而，我们应该思考的问题是“为什么加班这么多？”。原因有以下几种：

- 工作量过多，无法在规定工作时间内完成任务
- 等待客户的回复需要花费大量的时间
- 工作时间以外也会接到客户的订单
- 基本工资过低，所以留在公司里赚加班费

像这样，通过思考“为什么”，我们才能找到更加本质的问题。

即使我们采取了“定时强制下班”措施，只要以上这些问题没有得到根本解决，就必定无法根除加班现象。

相信大家也能够看出来，想要解决上述这些问题，需要采取完全不同的方法。让我们先来深入思考第一个问题——“工作量过多，无法在规定工作时间内完成任务”。

产生这一问题的原因大概可以归纳为以下几点：

- 工作中的无效时间（例如等待时间）过长
- 没有引进可以提高工作效率的设备和器材
- 没有灵活运用外包等方式来提高工作效率
- 人力资源分配不平衡，导致有的岗位人手过多，有的岗位人手不足

这样一来，我们就能够找到更加触及根本的解决方法，比如“引进新设备”“将业务外包”和“调整人员配置”。

接下来，面对“基本工资过低，所以留在公司里赚加班费”的问题，我们应该采取怎样的解决方式呢？

调查结果显示，有很多人的加班是想要多赚加班费。事实上，这个问题的解决方法很简单。如果企业有足够的预算来支付加班费等劳务成本的话，那就直接将加班费包含到基本工资里，不再支付额外的加班费用，这就万事大吉了。

这样一来，员工能够直接拿到足够的工资来应付自己的生活开销。反正无论工作多长时间，拿到的钱都是一样，那当然还是在规定的工作时间内完成工作比较划算。这样一来，加班问题自然就得到了解决。

然而，如此完美的解决方法为什么无法落实呢？

这是因为，有的人的确是因为无法在规定时间内完成工作，所以才不得不加班。公司无法判断员工的加班究竟是属于前者还是后者。

要是规定“如果工作量过多，导致员工在规定工作时间内无法完成任务，公司将额外支付加班费用”，相信大家立刻就能看出来，问题又回到了原点。不仅如此，还有很多人会觉得“反正都是要工作，宁可多加一会儿班慢悠悠地做”（图 3–3）。

他们并没有“集中精力早点把工作做完，然后享受业余时间”这样远大的理想，只是想在公司慢悠悠地工作、闲聊，长此以往，过悠闲自在的小日子。在以前，抱着这种想法的人甚至占大多数。

即使是在同一个公司工作，大家对于加班的看法也是天差地别。在这种情况下，对某一个特定的群体采取相应的措施，只会导致其他群体产生不满。

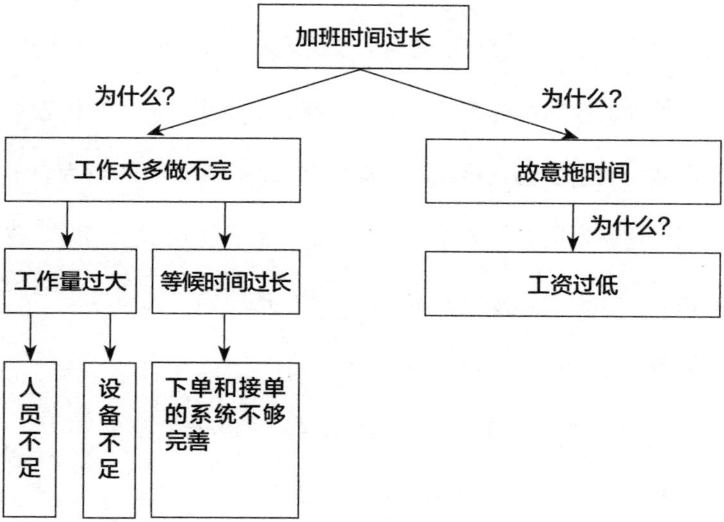

图3-3 加班时间过长的原因

有的企业彻底提高了员工的工作效率，解决了加班问题，使员工每天都能够准时下班回家。但如果我们只是从表面上禁止加班，那就是没有透过加班现象看到背后的本质问题。

▲ 体罚现象为什么屡禁不止

教师的体罚行为经常引发人们的强烈关注。

无论我们如何高喊着“反对暴力！禁止体罚！要严厉惩治这种行为！”，都无法从根本上解决体罚问题。现状就是，体罚问题几乎每天都会在不同的学校出现。

教师的体罚行为本身只是一种现象。事实上，每次因教师使用体罚而引发民众热议时，都会有人站出来对体罚行为表示赞同。这就说明教师的体罚行为背后有着更深层次的问题。我们还是应该先去思考一下体罚行为产生的原因。比如：

- 体罚有助于孩子能力的提升
- 有些问题只有采用体罚的方式才能解决
- 教师有时会不由自主地采用体罚方式

很多人在支持体罚时会以第二条——有些问题只有采用体罚的方式才能解决——作为论据。让我们来一起深入讨论一下吧。

为什么有些问题只有采用体罚的方式才能解决呢？

有的人认为其原因在于“教师不会用体罚以外的其他方式来指导学生”，以及“比起通过语言沟通来指导学生，体罚会更简单一些”。这样一来，想要解决这个问题，我们应该“让教师学会通过语言沟通来对学生进行指导”。

然而，这个目标实现起来却很难。老师这份职业具有一种权威性。如果我们否定他们原本的教学方式，强迫他们去学习新的教学方式，会让他们很难接受。更何况，让成千上万的老师都去接受这样的培训，无论是从时间的角度还是从成本的角度看，都很不现实。

此时，有的人可能会提议，将那些只能用体罚来解决的问题暂时搁置。但是，这种做法很难被大众接受。

有的家长会要求老师对学生严格一些，有的学生也会站出来现身说法，说老师的体罚让自己更有干劲，最终赢得了比赛。一边是“输掉比赛”“孩子变得懒散”，另一边则是“使用体罚”，在这二者之中，肯定会有人义无反顾地选择体罚。

如果能够以那些善于与学生沟通的教师为榜样，把他们的教学案例分享给所有的教师，让这样的教育方式普及开来，那再好不过了。但如果我们想彻底根除体罚行为，就必须将关注点放到体罚无法被根除的原因上：

- 只要体罚行为有适当的理由，学生和家长就能够顺理成章地接受

在这种情况下，想要根除体罚，最有效的手段无非就是：

- 从法律上禁止体罚行为

但这样一来，我们又该如何面对那些“只能用体罚来解决的问题”呢？

虽然禁止体罚可能会导致学生社团的成绩不如以前，但如果全国所有的社团都禁止体罚的话，也不会出现什么问题。有时，面对学生的暴力行为，如果不采用体罚的方式，很可能会使教师进退两难。

如果强行规定“就算被学生殴打，教师也不能还手，只能选择挨打”，那么很多善于使用语言沟通的人才可能会渐渐远离教师行业，形成恶性循环。那些只看到表面现象，在观众席上高喊着“这种做法不对！”“这样的教育方式我们无法接受！”的人，根本无法真正从本质上来解决问题。

▲ 换个角度看待出生率下降的问题

出生率下降的问题长久以来一直困扰着日本，但它同样只

是一种现象。很多人在讨论这个问题时，都未曾深入思考过其背后的原因。

大家都觉得“出生率只有 1.4%，实在是太低了，要想办法让大家多生孩子”。但是，让出生率回升到 2.07%，从而维持当前的人口水平，显然有些不太现实。我们需要思考的是，出生率下降究竟会带来怎样的后果。

大家经常提到的一点就是劳动人口减少会导致养老系统崩溃。然而，我们相信并没有年轻人会为了维持国家养老系统的正常运转而生孩子。

“养老系统崩溃”问题的出现，其实并不是由于出生率降低，而是因为整个社会保障制度本身出现了问题。我们不应该将社会保障制度的维系建立在“孩子的数量会永远增加下去”这个根本无法人为控制的前提下。

人们在某个时期看到人口在增长，就把这一现象看成是理所当然的，建立了现在这样的养老制度。打个比方，这就相当于冰河时期的人以为寒冷的气候会永远持续下去，所以建立了一个没有冷气设备的国家。

对老年人和那些即将面对养老问题的人来说，他们担心的并不是“孩子变少了”，而是“将来国家没有钱来保障我的晚年生活”。如果我们用现在年轻人缴纳的养老金来进行投资，取得好几倍的收益，那么所谓的“出生率下降”也就不再是问题了。

通过思考“为什么”，我们发现出生率下降现象背后的本质问题其实是：

- 国家失去了用来维持社会保障制度运转的财政来源

所以，增加出生率只不过是一种解决方式而已。我们可以采取很多种方式来保证国家的财政来源，比如：

- 增加出生率
- 让年轻人多赚钱，来补上财政缺口
- 通过移民来增加劳动人口
- 通过使用机器人来增加劳动人口（劳动力）

如果养老金的财政来源减少，我们也可以想办法减少养老金的支出，比如：

- 减少老人的养老金份额
- 减少老人的数量

当然，我最后说的“减少老人的数量”并不是要做什么骇人听闻的事，而是指对“老年人”的定义进行修改，让 70 岁的人也能够继续工作。如今，类似方案已经开始付诸实施。日本的官员们早就想到了类似的解决方案。

虽然“让大家多生孩子”很不切实际，但“提高出生率”的确是一句很具有号召力的政治口号。我们也常常在政治演讲中听到类似的宣传语。

其实，2010年的人口普查显示，日本平均一对夫妇会生育1.96个孩子。很多人以为出生率下降的原因是没有给已婚夫妇提供合适的生育环境，然而，更重要的原因是不结婚的人越来越多。

出生率下降会引发很多社会问题，但我们不能只把关注点放在出生率上，而是应该去思考有没有其他的解决办法。这一点非常重要。从表面上来看，出生率下降的问题的确很引人注目，但是只有想办法找到本质问题，才能够得出更加切实有效的解决方案。

大家都知道，人上了年纪就会出现各种各样的健康问题。如果我们以“让人类长生不老”这种无法实现的想法作为目标，那么老年人所面临的健康问题将永远无法解决。这就和“让大家多生孩子”是同样的道理。

▲ 如何让你的产品出现在便利店货架上

为了提高某件产品的销量，大家首先会想到什么办法呢？

我相信很多人或很多公司的第一反应是，提高产品的认知度。比如，改变产品的外包装，或者考虑向市场投放广告。

假设某药品的销量长期萎靡不振。面对这一问题，公司召开各种会议，商讨"是否应该重新设计产品的外包装""产品的名称是否应该改得更简单易懂一些""什么样的广告才能吸引消费者的注意"等问题，同时还会从外部请来各种专业人士提供创意和做策划。

但事实上，我们首先应该想清楚的问题是"为什么这种产品的销量会一直萎靡不振"。原因真的是"产品的认知度过低"吗？

我们首先需要确认的是，该产品的目标客户群是否正在减少以及同类药品的市场本身是否正在缩小。

只有在潜在顾客确实存在的前提下，提高产品的认知度才会取得理想的效果。我们必须对其他竞品的销量进行调查，确认同类产品是否还占有一定的市场规模。如果市场规模本身正在缩小，那么"提高认知度""改换产品包装"这样的解决方案就完全偏离了目标。

此时正确的应对方式应该是从该市场撤退，或者减少投入资金，用最低限度的人力和资金来维持现状即可。

我们想要增加产品的销量时，很容易错把目标放在“提高产品的认知度”上。但其实，我们应该做的是想一想这种产品卖得不好的症结所在，从根本上解决问题。

请大家再想一想那些出现在便利店货架上的产品。

便利店会对所有产品的销量进行极为细致的管理和分析，所以他们只会将销量最好的产品陈列在货架上。而消费者走进门店后也只会购买摆在货架上的产品，如此循环往复。

那么，如何才能让自己公司的产品出现在便利店的货架上，成为市场的主流呢？

遗憾的是，面对这一问题，大多数企业只想到“投放广告”这一种方法。他们认为只要在电视和杂志上多投放一些广告，顾客就会去便利店购买自己的产品，自己的产品的销量就会上升，一直被摆在便利店中售卖。

但是，请大家实际去便利店看一下，那些通过电视广告给消费者留下了深刻印象的产品，是否真的会出现在便利店的货架上。事实并非如此。

恰恰相反，便利店里的很多产品根本没有投放过电视广告。比如手机电池，大家应该没有在电视或杂志广告上见到过多少手机电池的广告，但在便利店中却可以找到这种产品。想要通过投放电视广告来提高产品的知名度，让自己公司的产品出现在便利店的货架上，这样的想法未免有些武断。

在制定具体的解决方案前，我们必须先想一想为什么这种产品没能得到便利店的青睐，以及通过投放广告来提高产品的知名度是否真的是一个合理的目标。

很多人会抱有先入为主的观念，或是容易受到周边环境的影响，把投放广告看成一种理所当然的解决方式。然而实际上，很多产品即使没有投放过电视广告，也照样在便利店的货架上长期占有一席之地。因此，我们有必要对这种现象进行深入调查和分析。

这些产品之所以能够得到便利店的青睐，可能是因为批发价格很低，或者具有其他产品所没有的功能，也可能是由于生产厂家设置了奖励金等制度，便利店更愿意与他们合作。

此时我们的首要目标应该是，对便利店中产品的优势进行分析和总结。

人们总是倾向于将“产品的销量不高”这个现象与“产品

的认知度和宣传力度”联系到一起，以为销量不高是广告投放力度不大造成的结果。但是，只要我们多想一想“为什么”，就会发现还有其他值得考虑的因素。

我们可以回想一下自己的思维是否陷入了一个机械化流程。所谓“机械化流程”就是人们在看到一个现象后从不去思考为什么，而是直接习惯性地得出结论，然后开始制定解决方案。大家一定要注意避开这样想当然的思维定式。

▲ 用“为什么”分析法精准地发现问题

我们读体育类报纸上的足球新闻报道时，经常会看到“决断力不足”这种说法。这究竟是什么意思呢?

一般在某支球队没能成功进球得分，输掉比赛时，我们会说这支球队“决断力不足”。听起来，“决断力不足”似乎和“得分能力不足”的意思差不多。然而，足球就是一个用得分来判断输赢的比赛。所谓“得分能力不足”只是在对结果进行描述。

这就好比一个学生的考试成绩不高，我们说他“得分能力不足”一样。“这支球队决断力不足”和“今后应该提高决断能力”这样的评论，其实只是在描述现象，并没有指出实际应该解决的问题。

此时我们应该思考的是“这支球队为什么没能成功进球得分”。让我们来一起分析一下。

“决断力不足”这种说法通常是形容某支球队在即将得分的紧要关头没能成功进球。球已经到了对方的罚球区附近，但最后带球的球员却没能成功射门，这时，观众常常会发出“（他的）决断力不足”的叹息。

为什么已经到了罚球区附近的球员最终没能成功射门呢？原因可能有以下几点：

- 球员没有射门的意愿
- 球员射了门但没能成功进球
- 球员无法突破最后的盯防

面对不同的原因，我们需要采取不同的解决方式。

没有射门的意愿

这一点可能与日本人的性格有关，属于教育和成长环境的问题。如果一个球员一拿到球就立刻想要射门，会被大家看成爱出风头的人。很多人从小接受的教育都是在否定这种做法。就算教练在训练时反复强调“接到球后应该立刻射门”，周围的其他球员和家长所营造的氛围通常也并不鼓励这种做法。

如果有数据能够证明球员的射门次数和得分高低是正相关，那么我们就应该投入大量的时间来改变人们的想法，营造一种鼓励球员射门的氛围。作为观众的我们可能也在不知不觉中对“接到球立刻就射门”这种做法给出了负面的反馈。

射了门但没能成功进球

这属于球员自身能力的问题，只能通过改善训练方法来强化其能力。由于训练时间是有限的，我们还需要考虑射门练习和其他训练科目的练习之间的平衡。在当前日本的足球文化中，人们比较重视球员之间的配合，很容易忽视对射门技巧的练习。

令我印象很深的是，有一位外籍教练在指导日本队时曾经说，日本球员“就算没被盯防也进不了球”。他让球员们反复地练习射门。

无法突破最后的盯防

有时，就算球员把球带到了罚球区附近，依然会被对方盯防。这可能是因为最后带球进攻的球员在一对一技术上存在不足，或者传球的球员没有选择最合适的传球时机。

在观看日本队的比赛时，我经常会发现这样的场景：边锋多次成功传中，但由于对方禁区的防守太过严密，球员一直无法成功射门。

想要解决这个问题，我们需要从两个方面入手：一是加强一对一破防的技巧训练，一是加强在最后关头传球的动作训练。

其实，我们在平时的会议中也经常听到这种只对现象进行分析的发言。现象一般都比较明显，因此这样的发言听起来很切题，但实际上，它对问题的解决没有任何帮助。思考“为什么会发生这样的现象”才是发现问题的第一步。

▲ 找到源头，从根本上解决问题

我之所以列举了这么多事例，就是想让大家学会思考“我们眼前的问题究竟是现象还是本质问题”。这一点对我们成功解决问题非常重要。

要想找到本质问题，方法和诀窍很重要，这一点我将在后文进行详细说明。在此之前，大家应该先养成多问“为什么”的习惯，这才是寻找本质问题的第一步。一个不会思考“为什么”的人，绝对无法找到问题的本质（图 3–4）。

本章的目的就是让大家理解，针对具体的现象来对症下药的确是一种重要的治疗方法。但与此同时，我们也要学会如何找到病症的源头，从而根治疾病。

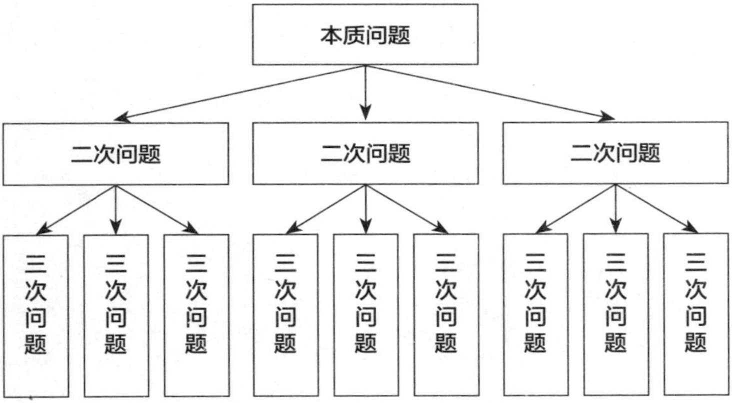

图 3-4　只有找到源头上的本质问题，才能从根本上解决问题

第 3 章的关键点

我们要找的不是现象，而是本质问题。

不要急于解决眼前的问题，而是要多问几个“为什么”，找出隐藏在现象深处的根本原因。

第 4 章

像专业顾问一样活用分析模型

用分析模型来列举候选问题。

短时间内学会专业顾问花费 10 年构建的思维模式。

分析模型是前人的经验总结

▲ 寻找本质问题的第一步：列举候选问题

为了找到本质问题，我们首先要筛选出一些可能与症结有关的问题来作为候选。

经验丰富的医生会先根据患者的症状（也就是现象），列举出一些可能的病因，然后再进行详细检查，找到真正的病因，最终确定治疗方案。如果不先列举出一些可能的病因，就无法进行下一步的检查和化验，最终只会导致漏诊，或是使病症进一步恶化。

“经验丰富的医生会先根据患者的症状，列举出一些可能的病因”这句话中隐含着寻找本质问题的关键。大家也要学会根据自己眼前的现象列举出一些候选问题，然后再从中寻找真正的本质问题（图 4–1）。

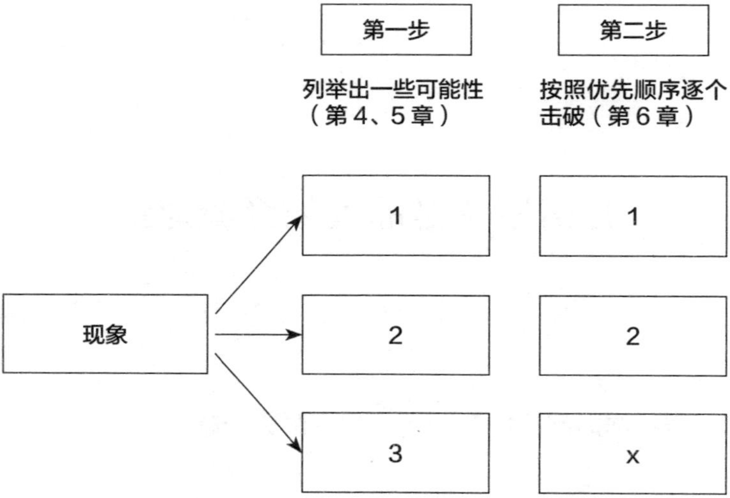

图 4-1　寻找本质问题的步骤

想要做到这一点，你得先掌握一定的经验和技巧。

一个人无论经验多么丰富，都不可能百发百中，次次都能准确地找出原因。那么，有哪些经验和技巧是我们需要掌握的呢？

接下来，我会介绍一些分析模型。这些分析模型是前人的经验总结。一些阅历丰富的经营顾问会灵活运用这些模型来列出问题清单。在这里，我会将这些分析模型简化成比较简单易懂且方便应用的形式，以便为大家详细讲解。

例如，在我所开办的辅导机构中，越是有经验的讲师，越会通过一些“恰到好处的提问”从家长和学生那里获取有效的信息，然后提出“合理的推断”，再通过“适当的检查”来给出“对症的处方”。

对新人讲师来说，他们还掌控不好火候，需要一份指南书来作为辅助。我们会为他们提供一本手册，将工作中的注意事项都明文写出。这样一来，他们就能够在短时间内掌握前辈们在 10 年的工作过程中摸索出来的经验。

当然，世界上并不存在能够完美找到本质问题的方法。我在第 2 章中提到过，“过分苛求完美是十分危险的做法”，希望大家理解这一点。我在下一章也会详细说明，在列举候选问题的过程中，节约时间比追求完美更加重要。

在列举候选问题之后，我们还需要将所有的候选问题按照优先度的高低进行排序，以便逐个击破。希望大家能够通过本章的学习，学会如何在不苛求完美的前提下，高效且精准地列举出候选问题。

经营顾问所使用的分析模型案例集

▲ 5F 模型：全面地分析问题产生的根源

我们假设汉堡店 A 因为生意很差而陷入困境。此时，千万不要一上来就想办法提高店铺的认知度。我们要运用上一章介绍的最重要的方法，思考一下“为什么汉堡店 A 的生意这么差”这个本质问题。

对初学者来说，面对一家经营状况不佳的汉堡店，最容易想到的原因依然是“与其他竞争对手相比，消费者的认知度过低”这一条。

在这种情况下，我们可以使用分析模型来创建一个问题清单。在这里，我将使用一种被称为“五种力量模型”（Five Forces Model）的分析模型（以下简称 5F）来列举候选问题。所谓“五种力量”，是指对某一产业产生影响的五种势力：

1. 现有的竞争对手

2. 原材料供应商

3. 顾客

4. 新出现的竞争对手

5. 其他可替代产品

5F 模型就是对这五种势力进行分析的模型。

1. 现有的竞争对手

大家很容易想到的问题就是“现有的竞争对手”，比如，“与附近的汉堡店 B 和 C 相比，消费者对汉堡店 A 的认知度是否过低？这两家店的味道和价格如何？”。

2. 原材料供应商

如果我们用更低的价格采购肉类、面包等跟汉堡相关的原材料，那么即使保持现状，店铺收益也会有所增加。与原材料供应商之间的交涉非常重要。要想降低原材料价格，我们可以通过大量购买来获取折扣，或是选择其他报价更低廉的供应商。

3. 顾客

顾客，自然就是指光临店铺的客人。想要改善店铺的经营状况，我们需要想一想汉堡店 A 的顾客数量（包括潜在顾客）是否足够多，以及这些顾客的购买能力是否足够维持这家店铺的运营。

如果这家店铺能够向顾客提供其他店铺没有的产品或服务，成功获得顾客的青睐，就可以在产品的定价上占据优势。否则，在面对顾客时，店铺的议价能力就会降低。在这一项目中，我们需要对顾客的购买能力和买卖双方的议价能力进行讨论。

4. 新出现的竞争对手

与传统的汉堡店不同，最近出现了很多以营养健康为卖点，或是走高端路线的汉堡店。如果这样的汉堡受到了顾客的欢迎，我们也可以紧随其后推出类似的产品，或是创建一个新的子品牌来与其竞争。

5. 其他的可替代产品

与我们一同在顾客的餐桌上竞争的，并不只有附近的汉堡店，在健康饮食的风潮下，日式餐厅可能也会成为我们强有力的竞争对手。甚至人们有可能会减少在外面吃饭的次数，更愿意在家自己做。

如果能够向超市供货的话，让本店的产品出现在人们家里的餐桌上也不失为一种解决方法。在思考“为什么汉堡店 A 的生意这么差”时，使用 5F 分析模型就可以更加全面地分析问题产生的根源，进而提出五个不同角度的候选问题（图 4–2）。

5F 分析模型的创始人名叫迈克尔·波特，是一名大学教授。一些有经验的经营顾问和汉堡店经营者可能很容易想到其他分析模型。对初学者来说，使用 5F 分析模型来创建问题清单会更加全面和高效。

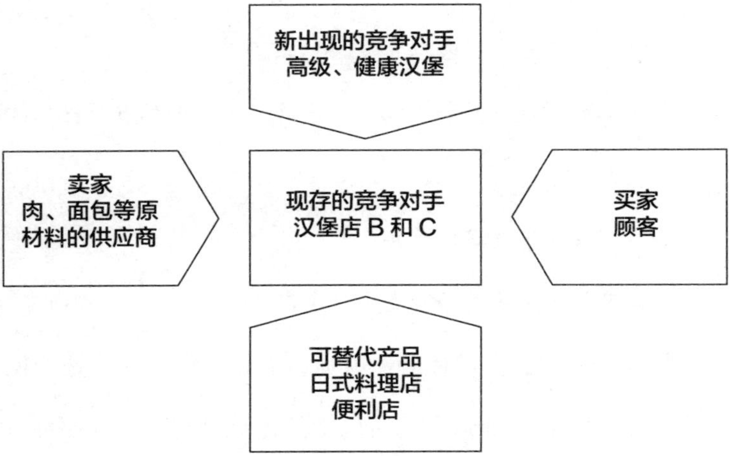

图 4–2　关于汉堡店 A 的 5F 分析

▲ SWOT 模型：综合考虑内部和外部因素

接下来，我将向大家介绍另一种分析模型——SWOT 模型。该分析模型是将自己公司内部的优势、劣势和外部因素中的机会、威胁都详细地列举出来。我们再来想一想刚才那个汉堡店 A 的例子。

1. 我方的优势

店铺数较多。进货成本低。消费者认知度较高。

2. 我方的劣势

顾客对产品味道的满意度不高。咖啡类饮品的种类较少。

3. 外部因素中存在的机会

劳动人数增加导致越来越多的人开始在外面的餐厅吃饭。现磨咖啡开始流行。

4. 外部因素中存在的威胁

新开业的咖啡店餐品种类十分丰富。

特别是在“我方的优势”方面，大家一定要认真地与同类企业进行对比，确认自己所列举的优势是否可靠。在进行 SWOT 分析时，通过对各个项目进行调查，我们可以更好地掌握情况。更重要的是，像这样**将本公司的现状和外部因素综合起来看，更容易发现问题**。

通过这份清单，我们可以一目了然地看到“面对外部因素中存在的机会，我方的优势能否有效地发挥出来”，以及“面对外部因素中存在的威胁时，我方的劣势是否会愈演愈烈”等潜在问题。

我们从这家汉堡店的角度来说，可以想办法发挥自己的优势，用更低的成本来向顾客提供现磨咖啡，同时也可以想一想能否推出高品质的咖啡，与新开业的咖啡店进行对抗（图4–3）。

	优势	劣势
我方	进货成本较低	味道不够好、缺少咖啡类饮品
外界	越来越多的人选择在外面的餐厅吃饭	新开业的咖啡店餐品种类十分丰富
	正面因素	负面因素

- 利用优势来对抗劣势和威胁
- 利用优势来抓住外部的机遇

图 4–3　关于汉堡店 A 的 SWOT 分析

▲ PPM 分析法：看清产品在市场中的位置

有一家电器公司正在因液晶电视卖不出去而苦恼，想要解决这个问题。面对这个问题，大家可能会想到提高品牌的认知度、开发新产品或直接推出新的品牌等多种解决方法。但是，这些做法真的能够顺利解决问题吗？我们真正应该思考的其实是“为什么液晶电视的销量这么低”。

如果这种液晶电视无论放在哪家企业里都卖不出去，只能逐渐从市场中消失，我们又该怎么做呢？

遇到这种情况时，我们可以使用 PPM 产品结构分析法，对自己公司的产品所处的环境进行分析。通过这种分析模型，我们可以一目了然地看出该产品在市场中所具备的优势，以及其所在市场自身的潜力。如图 4-4 所示：

● 如果一个产品所在的市场本身正在扩张，且该产品在市场中所占的份额较高，那么该产品就可以被称作“新星”。

● 如果一个产品所在的市场已经停止扩张，但该产品在市场中所占的份额较高，那么该产品就可以被称作“现金母牛”。

● 如果一个产品所在的市场本身正在扩张，但该产品在市场中所占的份额较低，那么该产品就可以被称作“问题产品”。

- 如果一个产品所在的市场已经停止扩张，且该产品在市场中所占的份额较低，那么该产品就可以被称作“瘦狗产品”。

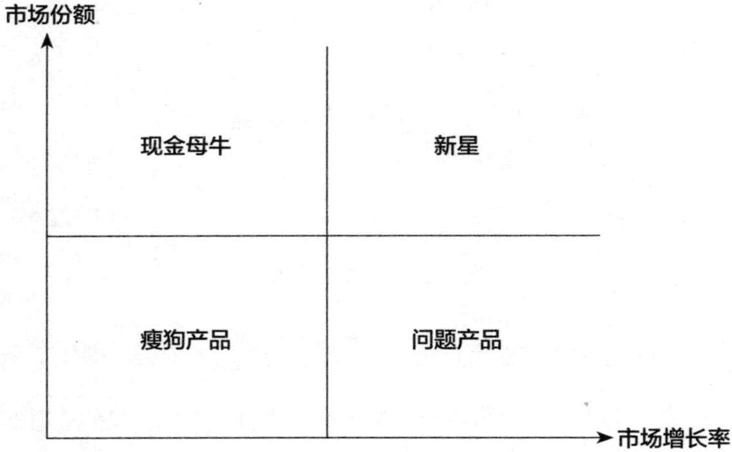

图 4-4　我们的产品现在处于哪个位置

需要注意的是，无论我们向“瘦狗产品”投入多少资金，可能都无法与市场自身的衰退相抗衡。

我们可以尽量压低“现金母牛”产品的成本，然后将所得的收益积极投资到“新星”产品中，或者是利用“现金母牛”产品的收益来加紧进行研究开发，让问题产品成为“新星”产品（图 4-5）。这些都是常用的经营策略。

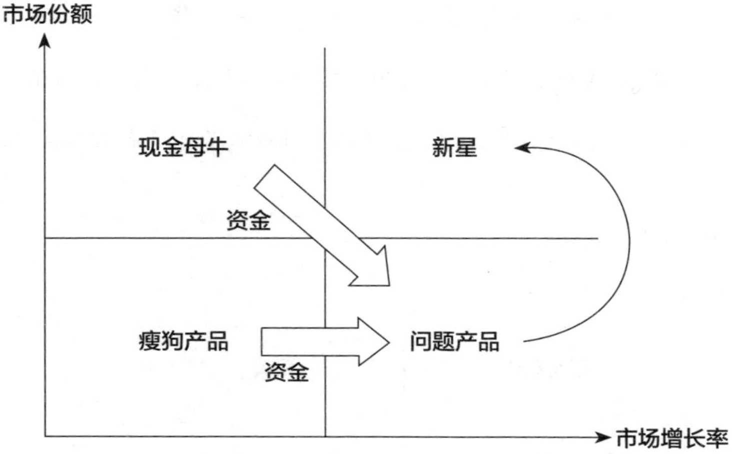

图 4-5　向问题产品投资

我们往往很难准确判断市场的增长速度。有时候，即使某个产品是“瘦狗”，也可以与其他产品组合起来销售，取得意想不到的绝佳效果。如果我们想要确定目标，投入很多的人力和资金来解决某一问题，运用 PPM 产品结构分析法就变得十分必要了。

▲ 用 PPM 分析法判断个人工作技能的价值

我们继续用 PPM 分析法来分析一下自己。此时，我们所掌握的技能就相当于是企业的产品。

● 如果一项技能的市场需求正在增长，且我们的技能水平在市场中处于较高水平，那么这项技能可以被称为“新星技能”。

● 如果一项技能的市场需求已经停止增长，但我们的技能水平在市场中处于较高水平，那么这项技能可以被称为“现金母牛”技能。

● 如果一项技能的市场需求正在增长，但我们的技能水平在市场中处于较低水平，那么这项技能可以被称为“问题技能”。

● 如果一项技能的市场需求已经停止增长，且我们的技能水平在市场中处于较低水平，那么这项技能可以被称为“瘦狗技能”。

举个例子，如果一个日本人在跨国企业中拥有高超的管理技能，那么这项技能就是这个人的“新星技能”。在英语人才饱和的环境下，高超的英语水平只能算是“现金母牛”技能。一知半解的中文和AI技术，在市场需求正在增长的情况下属于“问题技能”。对于日本人来说，汉字的读写技能在电脑时代已经变成了“瘦狗技能”（图4–6）。当然，如果是作为个人兴趣来学习，那完全没有问题。如果你能说一口流利的英语，或是拥有高超的管理技能，就能够在跨国企业中找到一份合适的工作。

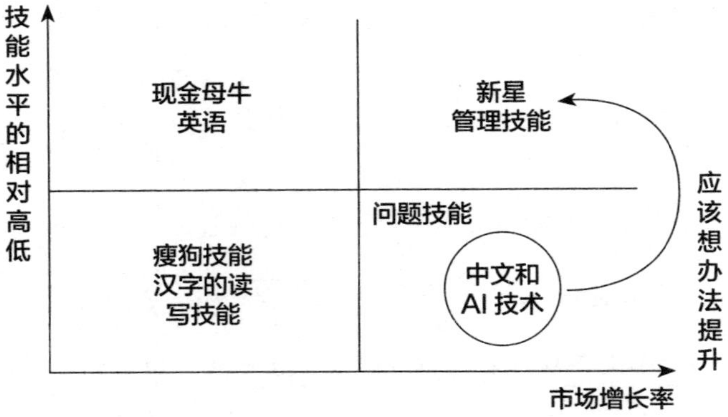

图 4-6　关于日本人工作技能的 PPM 分析

接下来，你还可以用自己的工资，或是在工作中寻找机会，来提升自己的“问题”技能——中文和 AI 技术，**将这两项技能升级为“新星”技能。这不失为一种优秀的策略**。

▲ VC 分析法：从流程中找到问题的所在

VC 分析就是“价值链分析”，这种分析方法是将产品生产流通的整个流程——从购买原材料到贩卖给消费者——进行分解，从中找到问题的所在。

举个例子，我在做经营顾问时，曾经有一家唱片公司找到我，让我为他们提供一个营销策略，以改善企业经营不善的现状。此时，我不能盲目听信他们，把目标放到营销策略上，而是必须先思考“为什么这家企业的经营会陷入困境”，找出本质问题。

我从分析这家唱片公司的价值链开始着手。这家公司的业务流程大概可以分为以下几个步骤：

- 发掘新人
- 培养新人
- 制作歌曲
- 投放市场，制定市场战略
- 举办演唱会和粉丝活动

然后我发现，这家公司在发掘新人阶段就出现了问题。其发掘的新人数量和主动来报名的人数都跟公司的营业额同步减少。所以，这家公司的问题并不是出在市场战略上，而是应该思考如何去发掘新人（图 4–7）。

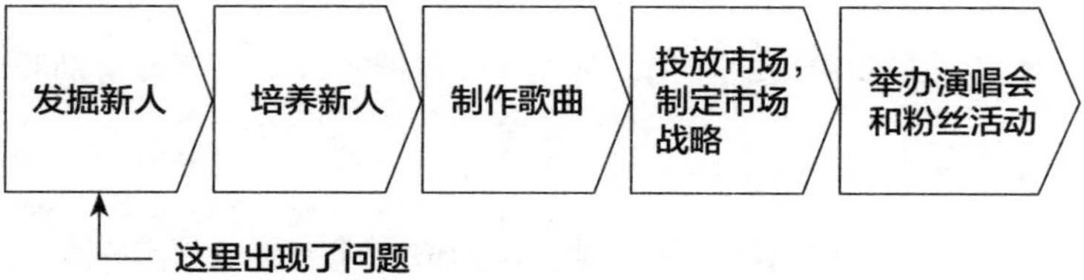

图 4–7　该唱片公司的业务流程

为此，我对其他成长势头较为强劲的公司进行了研究，发现这些公司会通过举办选拔赛等活动来找到更多具有潜力的新人。

与此同时，我还对一些年轻音乐人进行了调研，询问他们为什么选择去其他的唱片公司报名。结果，很多人回答说，感觉这家公司所追求的音乐与自己正在做的音乐类型不符。也就是说，真正的问题在于，这家公司并没有在业界树立正确的品牌形象。

像这样，通过对公司的整个业务流程进行分解，我们意外地发现真正的问题与现象之间相差甚远。这就是 VC 价值链分析法的优势所在。

▲ 用 VC 分析法找出自己的工作疏漏

我们想按照时间顺序来分析每一个工作步骤时，VC 分析法也可以起到很大的作用。使用 VC 分析法，不仅可以帮助我们分析企业产品链中存在的问题，还可以帮助我们分析自己的行动存在哪些疏漏。例如，对一名销售经理来说，其工作会包括以下流程（图 4–8）：

- 选定客户并进行联络
- 听取客户的需求
- 制作策划案
- 向客户展示策划案
- 与客户签约
- 交货

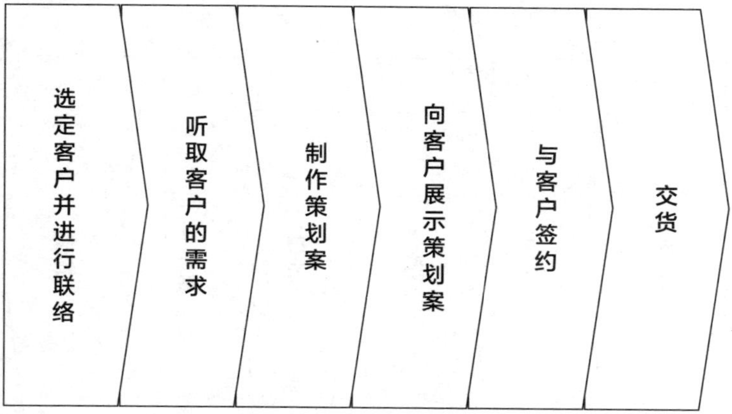

图 4-8　销售经理的工作流程

通过对具体流程进行确认，我们会更容易发现问题的所在，并找到有效的解决方法。再比如，小学生的学习也可以分为以下几个步骤：

- 预习

- 听课
- 做笔记
- 复习
- 小测验
- 改错

我们可以从学生的整个学习流程中寻找是哪里出现了问题（图 4–9）。

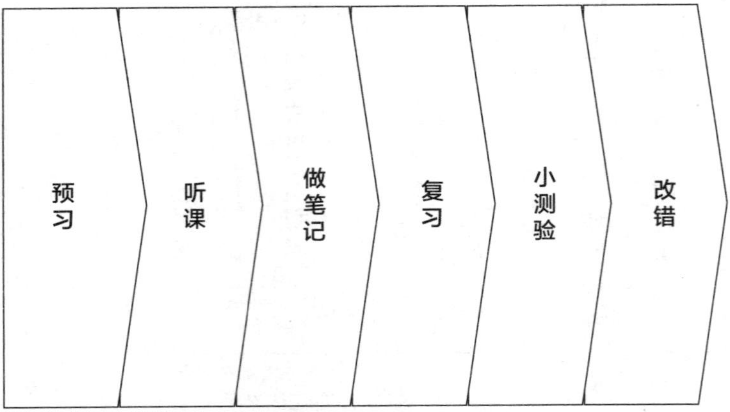

图 4–9　小学生的学习流程

▲ AISAS 模型：找到更有效的解决方案

通过前文的分析，我相信大家已经逐渐开始理解一个事实——虽然消费者认知度是提高销售额的关键，但单纯投放广告并不会直接促进消费者的购买。

消费者的认知和购买行为之间还隐藏着很多个环节。针对不同的环节，我们需要采取不同的措施。如果我们没有搞清楚问题出在哪里，就很难制定出有效的经营策略。AISAS 分析模型把消费者从认知到购买的过程分解成了五个环节：

- Attention（注意、认知）
- Interest（兴趣、关注）
- Search（搜索）
- Action（购买行动）
- Share（分享）

其中，“搜索”和“分享”是如今互联网社会所催生的环节。有调查结果显示，现在“互联网上其他买家的评价”和“朋友的推荐”已经成为最受消费者信赖的宣传途径。

这五个环节环环相扣，积极正面的“分享（S）”可以有效促进“注意、认知（A）”“兴趣、关注（I）”“搜索（S）”和“购买行动（A）”（图 4–10）。

这五个环节的目标分别是：

- Attention（注意、认知）：使用宣传广告等方式让消

费者知道该产品的存在

- Interest（兴趣、关注）：消费者对该产品产生兴趣
- Search（搜索）：消费者在网上搜索该产品的信息
- Action（购买行动）：消费者购买该产品
- Share（分享）：消费者购买该产品后，在网络上分享

自己的使用体验

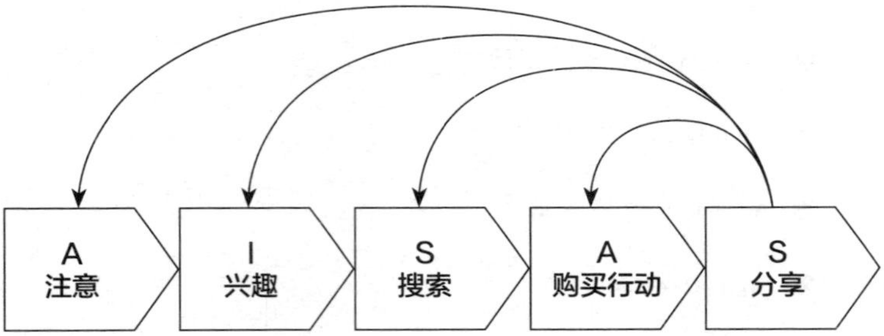

图 4-10　分享（Share）会对前面的所有环节产生影响

这也就是说，当我们说产品的认知度不足时，问题可能出在很多不同的环节。比如，有的消费者可能知道该产品的存在，但是并不感兴趣；有的消费者可能在网上搜索到了该产品，却最终没有购买。

只要能灵活运用这个分析模型，我们就不会陷入“只想提升认知度”的误区，而是能够找到更加有效的解决方案。

假设有一种健康饮料可以帮助人们减少体内脂肪，我们可以做些什么来提高该饮料的销量呢？我们可以针对 AISAS 的五个环节，分别给出如下解决方案：

● Attention（注意、认知）：与明星签约拍摄广告，给消费者留下深刻的印象

● Interest（兴趣、关注）：重点宣传“减肥”这一功效，引起目标受众的关注

● Search（搜索）：让“效果很好”这样的评价出现在网上搜索结果的前列

● Action（购买行动）：加大折扣力度，或是推出“无效退款”这样的保障措施

● Share（分享）：举办活动，让大家一起来分享减肥的过程

当问题出现在不同的环节时，我们所采取的解决方案也会随之改变。

▲ 运用自己的经验来改善分析模型

除了这些知名人士提出的分析模型，很多工作经验丰富的

人也会总结出一套自己的分析模型。

例如，有的人发现消费者的分享行为并不一定发生在购买产品以后，而是可能在产生兴趣之后就直接分享给了自己的亲朋好友，甚至连搜索的步骤都会跳过。由此，他便可以创建出一套新的分析模型，并投入使用。

很多知名的医生、经营顾问和辅导机构的老师也都会这样做。你也可以将自己的工作经验记录下来，进行分析，创建出一套自己的分析模型。然后，再从前人所创建的分析模型中不断吸取更多的经验，加快自己的成长速度。

第 4 章的关键点

灵活运用前人用经验总结出的分析模型，

可以有效减少问题的遗漏。

用自己的工作经验，

来创建属于自己的分析模型吧！

第5章

从第一手信息中发现问题所在

精准地收集和分析信息。

数据分析、访谈以及数据可视化技能。

第一手信息可以教会我们许多

▲ 信息偏差的累积让我们不断远离现实

我们在第 4 章中所学习的分析模型，是前人在解决问题的过程中形成的智慧结晶。他们也曾无数次被眼前的现象所迷惑。但他们不断地去思索“为什么”，想出合理的解决办法并付诸实施，反省不足之处，总结经验教训，最终才创建出一套合理的分析模型。

然而我们在生活中有时会碰到前人尚未遇到过的问题。

在本章中，我将向大家介绍一些窍门，让大家在碰到无法用分析模型解决的问题时，也能够像前人那样，一边试错，一边思考现象背后的原因，找到本质问题。

一般来说，能够进入管理咨询公司的年轻人都十分优秀。但越是优秀的人，就越容易依赖一些二手的信息源，比如书籍。

无论这些书籍的作者有多么知名，他们在写作的过程中都会出现一些主观偏向。这些主观偏向有时会误导读者。与此同时，我们在读书时也会加入自己的主观理解。而这些偏差的不断累积往往会让我们离现实越来越远。

企业的经营者需要为全体员工设定目标，因此更需要重视企业基层的情况。事实上，那些嗅觉极其敏锐、擅长设定目标的企业家们都会时常亲临公司的销售现场。

● 如果您的公司属于零售业，那么您可以试着直接去店里体验一下销售工作，或者买一买东西

● 如果您的公司属于生产业，那么您可以去生产车间走一走，或者跟去进货的现场看一看

● 公司开发出新产品后，请您用一用自己的产品，或者问一问使用者的感受

● 以一名消费者的身份，去体验一下其他公司的服务

● 与其总是依赖业务负责人和经营顾问提供的数据分析，不如直接去确认一下分析前的第一手信息

最初您可能会感到束手束脚，不知所措。但是您很快就会感受到，只有亲赴现场才能得到更多的信息，注意到一些平时根本注意不到的事情。

在我所创办的辅导机构 Lojim 中，很多想要帮孩子报名的家长都会先来找我们做咨询。通过与家长交谈，我们能够得到很多具体信息，比如孩子模拟考试的成绩和孩子目前的状态等。

在这之后，家长们就会向我们提出很多问题，比如“你们学校会怎么辅导孩子？”“我们现在应该做些什么？”，等等。

然而事实上，我们从家长口中得到的很多信息都与孩子的现实情况不符。

如果我们能把与家长谈话的时间省出一半，用来跟孩子本人谈一谈，或者利用这段时间让孩子体验一下课堂，参观一下其他学生的自习，我们就能够获得比现在多很多倍的信息，也能够为孩子制订出更加有效的学习计划。

▲ 从访谈中筛选出重要的一手信息

当我们听别人说话时，有几点需要注意。

就拿刚才小学生家长的咨询来说，就算家长说“我们家孩子不擅长做几何题，想重点学一下”，我们也不能囫囵吞枣地认为“学生不擅长做几何题，应该对这方面进行重点突破”。只能说，在家长看来，自己孩子目前的情况是这样的。

当发生问题时，每个人都会对问题产生不同的看法。大多数情况下，我们从他人口中所得到的信息并不是一手信息，而是经过他人的主观判断过滤后的信息。他们已经对问题有了自己的看法，并提出了自己的解决方案。

访谈的关键在于，从对方提供的信息中筛选出一手信息。此外，我们还需要想一想对方为什么会得出这样的结论，这一点也非常重要。

在筛选一手信息的时候，大家要注意分清访谈中的“事实”和“观点”。

比如说，当家长告诉我们“孩子做完题后不检查，所以计算错误很多”时，我们能够从中得到两条信息。一个是“孩子做完题后不检查”，另一个是“孩子做题时计算错误很多”。

但是，这两者之间是否存在因果关系呢？这一点我们还无法确定，可能二者之间实际上并没有因果关系。二者之间的因果关系，不能直接等同于事实，这只是家长的观点而已。

面对“孩子做完题后不检查，所以计算错误很多”这条假设，我们首先需要确认“孩子做完题后不检查”和“孩子做题时计算错误很多”这两点是否属实，然后还需要判断二者之间是否存在因果关系。希望大家能够区分清楚，这是两件完全不同的事情。

从对方的发言中提取出一手信息是一件很难的事情。有的人不愿意承认自己的话语中存在主观偏向，还有的人想要隐藏自己的真实意愿。有时，家长要求孩子做完题后检查，而孩子却不愿意这么做。在这种情况下，孩子一旦做错题，家长就会倾向于认为这是孩子不检查所导致的。这就是一种典型的主观臆断。

数字和信息的分析技巧

▲ 将因果关系和时序关系图示化

比起文字和想象，图表更能够拉近人与现实的距离。因为从图表中，我们能够清晰地看出不同事物间的差距，以及某个事物的缺陷和特点。像因果关系和时序关系这种看不见摸不着的东西，经过图示化后也会变得更加明了。

制作图表是数据可视化的基础。通过图表，我们可以一目了然地看出：

- 事物在时间轴上的变化和异常情况
- 不同事物之间存在的差异

当我们将数据整理成图表（图5-1）后，可能会发现其中存在一些特殊的点，而这些点的背后往往就隐藏着重要的问题。

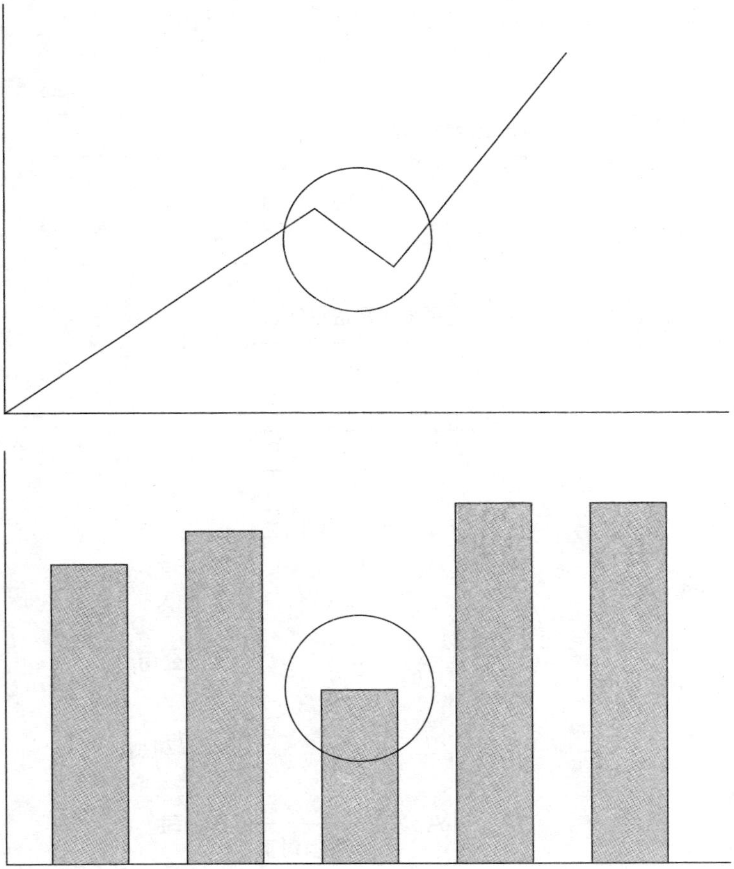

图 5-1 数据可视化图表

还有一种图叫作关系图（图 5-2），也非常好用，与 VC 分析模型有些相似。通过图表，我们能更好地把握现场的情况，这一优点是纯文字信息远远比不上的。有时，即使是面对同样的数据，不同的图表也会给我们带来不一样的观察角度。

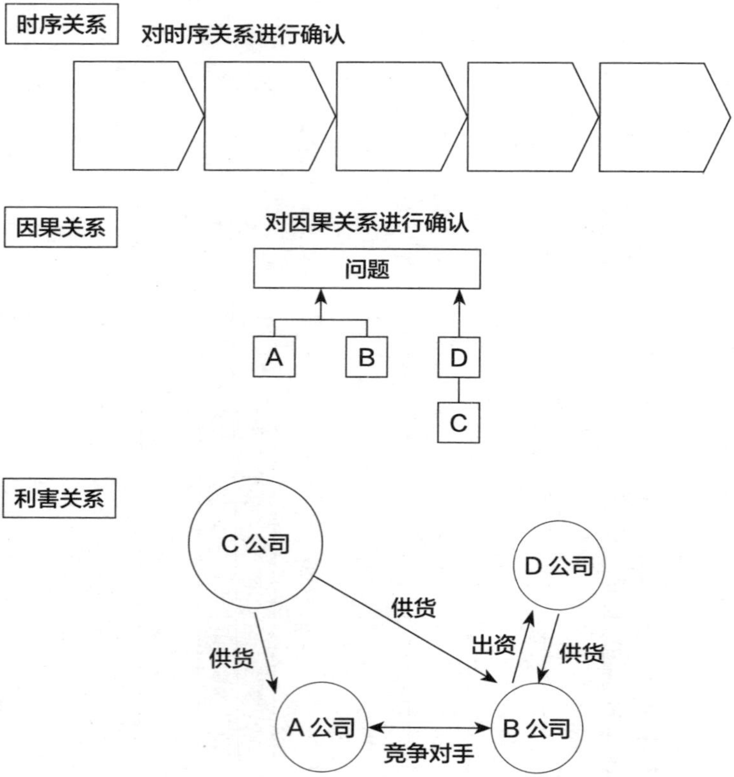

由于 C 公司的规模较大，当 A 公司从 C 公司进货时，其议价能力是否偏弱？

图 5-2　关系图

制作图表有助于我们把握当前的情况和事物的结构。即使一开始制作的图表不够清晰明了，大家也不要灰心，可以多试试其他的形式。因此，数据可视化可以说是一项非常重要的技能。很多咨询顾问会专门去做数据的可视化，将这项技术当作自己的招牌，其重要性可见一斑。

▲ 先找一找问题出在哪里

我们要通过不断地问“为什么”来寻找问题的本质。这一点很重要，但有时的确很难做到。这时候，我们不妨先找一找问题出在哪里。有的时候，在寻找问题所在位置的过程中，我们也能揭开本质问题的神秘面纱。

例如，当我们在思考“某百货商店为什么会陷入经营困境”时，可能很难一下子抓住问题的本质。此时我们不妨先想一想，所谓“经营困境”究竟是体现在哪些方面。

- 是某些特定地区的店铺业绩不佳？
- 是某些特定产品的卖场销售额过低？

只要搞清楚这一点，我们就可以缩小精密检查对象的范围：只需要对几个特定的店铺或卖场进行分析，就有望找到问题的本质。如果这些场所具有一些特殊性质的话，就会更有助于我们寻找具体的原因。

我们再来看另一个例子——为什么学生会出现算式错误?

- 问题出现在哪里?→解题过程的后半段
- 问题出现在哪里?→数学答题纸的边缘处

发现问题——当考试即将结束时，答题纸已经快写满了，学生很难把算式写清楚。

有时候，在寻找本质问题的过程中，我们只要能找到问题出在哪里，就已经前进了一大步。问题位置的背后，往往隐藏着大量的信息。

▲ 把思考范围缩小到特定对象上

当我们在苦恼公司的业绩不佳时，有时会不小心将公司的所有产品都划进问题的范围内。当问题涉及的范围过于广泛时，我们采取的措施可能达不到预期的效果。

如果我们将思考范围限定在某些特定的产品种类或是某些特定的店铺上，就可以将问题简化，方便我们确认本质问题是什么。这些特定的对象给我们带来的启示，对企业整体的发展也非常重要。

例如我们可以将思考范围缩小到“产品 A 在商场 B 中的

销售额比起去年有所下降”，这样就能让分析工作变得更加容易。

▲ 找出理想与现实之间的差距

让我们再来思考一下“出生率降低”这个问题。我们的最终目的应该是让国家具有足够的经济能力来支撑社会保障体系。这样就能让大家放下心来。

从这个角度来看，我们应该思考如下几点：

- 当前社会的现状是怎样的。
- 社会的理想状态是怎样的。
- 现实和理想之间有多大的差距。
- 如何才能缩短这段差距。

大家在思考最终目的时，一定不要误把解决方案也包含在里面。

如果我们把“提高出生率，增强国家的经济实力”当成是最终目的的话，就只能从“提高出生率”的角度出发来解决问题。所以大家一定要注意摆脱这种限制，只需要想清楚自己的最终目的即可。

▲ 考虑极端情况的必要性

举个例子，当我们想要增加企业的收益时，可能会从提升收益的三大要素入手，也就是：

- 进货价格
- 零售价格
- 销售量

然后我们可以思考一下当这些要素处于极端情况时会怎样，比如：

- 如果将进货价格降到最低的话会怎样？
- 如果将零售价格升到最高的话会怎样？
- 如果该商圈的所有人都购买该产品的话会怎样？

通过对比，我们可能会意外地发现有些因素对收益的影响很小，而有些因素对收益的影响却很大。从影响力较大的因素入手，会更容易取得效果。

▲ 想清楚这个目标是为谁而设

当教育机构在做升学指导时，家长、学生和教育机构三者的意见可能会很难达成一致。这是由于三者“感到满意的标准”有所不同。

家长：希望孩子能考上好大学。

学生：希望大学拥有丰富多彩的社团活动。

教育机构：希望打造出符合学生水平的学习指导方案。

在三者考虑的侧重点不一致的情况下，想要设定升学目标是一件非常困难的事。

在设定目标前，我们一定要先搞清楚这个目标是为谁设定的。在商业领域也是同样，从经营者、股东和项目负责人这三个不同的角度出发，设定目标的前提也会大不一样。

搞清楚这个目标是为谁设定的以后，我们就能够获得更多的信息，制定出更加细致的解决方案。如果一个目标缺乏针对性，只是泛泛而谈，那就无法反映出当事人的需求。这样的目标即便能达成，效果恐怕也不会令人满意。

除此之外，我们还需要根据环境的变化来改变目标。具体来说就是，当我们所面对的情况发生了很大的变化时，我们需要解决的问题也会随之发生改变。

在我们进行升学指导时，也经常会碰到类似的情况。比如原本注重社团活动的学生变得更在意课程的内容，或者学生父亲提出了不能让步的新条件，再或者家长和学生参观过学校后又提出了几条新的要求。在这种情况下，我们都会再重新商讨指导方案。

▲ DeNA 如何应对目标发生变化后的局面

举个例子，一家叫作 DeNA 的公司在刚创立不久时就提出，要在 1999 年创办一个名为 Bidders 的拍卖网站。公司上下当时肯定都在为这个项目拼命地努力。然而，就在 Bidders 即将要开始运营时，雅虎拍卖横空出世，且宣布交易不需要任何手续费。这对身为风投企业的 DeNA 来说，无疑是一记重创。

对 DeNA 来说，此时的目标已经从“创办独立的拍卖网站”变成了“与雅虎拍卖进行对抗”。这个目标实现起来的难度非常大。在网上购物的领域中，后来者想要居上是非常困难的。然而，当时还只是一家小型风投企业的 DeNA 在面对目标变化时，展现出了出色的应对能力。

当时，并没有人把Bidders和DeNA放在眼里。然而五年后，DeNA却成功推出了手机拍卖软件Mobaoku。在那之后，DeNA更是出乎所有人的预料，推出了手机游戏平台“梦宝谷”，彻底实现了蜕变。这家公司直到今天还在继续运营。

DeNA没有光想着与雅虎拍卖对抗，而是及时地审时度势，设定了新的目标，并通过推出新的服务来解决问题。所以DeNA才取得了如此喜人的成绩。我非常想听一听当时DeNA经营者的心路历程。

我们设定好目标后并不意味着就高枕无忧了。目标随时可能会发生变化，所以我们需要根据具体的情况来做出应对。当我们对自己设定好的目标展开了详尽的调研，确定了解决方案，并付诸实践却仍然看不到丝毫效果时，就有必要想一想是否重新设定更加有效的目标了。

第 5 章的关键点

为了得到一手信息，更好地发现问题，最好去现场看一看。

在访谈中，我们一定要分清观点和事实。

搞清楚对方为什么会产生这样的观点。

学会寻找和整理数字及信息。

“将数据可视化”“寻找问题出现的位置”“缩小思考范围”“从最终目标来反向推算”“考虑极端情况”等方法都很有效果。

第6章

缩小问题范围，确定解决顺序

根据解决起来的难易度和解决后能够取得的效果来确定问题的优先顺序。

如何判断问题的难易度

▲ 将问题按照优先度排序

在第 4 章和第 5 章中，我们主要学习了如何将重要的候选问题全面地列举出来。而在第 6 章中，我将向大家介绍一些窍门，帮助大家从这些问题中找出最应该优先解决的问题。

所谓“取舍”在这里就是指选择合适的经营战略。为了做出取舍，我们需要对尚未确定的未来做出预判。无论是多么优秀的战略咨询顾问，都无法预知未来，只能通过数据分析来判断哪种做法的成功概率更高。

在咨询顾问这个行业中，有很多比较玄的说法，比如“设定目标主要是靠经验”“抓不住关键问题的咨询顾问成不了大器”“要用长远的眼光来整体地看待问题”，等等。

当然，用长远的眼光来做出取舍是一件很难的事情，所以没有人敢肯定地说“只要按这种方法来做，就肯定能做出正确的选择”。但如果只对那些想要学习的人说“关键在于经验”，那就完全变成了放任自流，会让他们浪费很多时间。

所以，为了帮助大家做出取舍，我想向大家介绍判断问题优先度的方法。这些方法所适用的情况并不相同，有时可能很好用，有时也可能派不上用场。大家在尝试的过程会积累一些经验，这些经验对我们以后做决策会有所帮助。

▲ 先从能做的事情开始着手

由于开办了一家辅导机构，我对一些初高中改革的详细情况也比较了解。所有学校都会抱有一种危机感，认为如果自己不进行彻底改革，吸引更多学生报考，就会被其他学校远远地甩在后面。

人们对学校往往有很多要求，比如：

- 校舍整洁美观
- 校服好看
- 对学业的指导细致到位
- 社团活动种类丰富

● 举办各种课外活动

如果学校想要同时改善所有方面，将会花费巨额的成本，并导致在校学生的学习和生活发生混乱。所以，就算我们通过调研列出了一份问题清单，也不可能马上开始着手解决所有的问题。

其中，有一所学校决定从“要求学生背诵英语课文”入手开始改革，并将其作为学习指导的重点。该学校要求学生利用早上开完班会后的时间、午休时间和放学后的时间背诵英语课文，并通过小测验来检验学生的学习状况。然后，学校再将这一教学制度和实际的教学场景作为亮点进行宣传，吸引广大学生报考。

这样的做法并没有花费多少成本，但从目标设定的角度来讲，效果却非常好。

一直以来，背诵课文都被认为是一种效果很好的英语学习法。该学校要求所有学生都认真背诵课文，并且有效地进行了管理，所以才成功取得了很好的口碑。现在大家都认为这所学校是“英语强校”，称赞其“授课计划十分完善”，而且“管理很到位，不会有孩子掉队”。

通过此次改革，该学校入学考试的报名人数取得了飞跃性增长。与此同时，良好的口碑还吸引了更多优秀的教师，最后甚至连校舍也重新整修了一遍。这就是用最小的成本来取得最好效果的一个很好的案例。

还有的学校在运动会上下了很大的功夫，同样也取得了不错的成果。大家都认为该学校能够“让学生的身心共同发展”，并且“校风很团结，无论是同年级的学生还是不同年级的学生都能够团结一致”。

无论是资金有限的学校，还是其他的组织机构，都无法一次性解决所有的问题。

无论是从时间的角度来看，还是从资金的角度来看，这样的做法都行不通。大家可以想象一下，当自己所在的部门正在忙一项业务时，如果再同时着手去解决其他新问题，是不是会非常困难?

“用最少的投资来取得最大的效果”，这一点非常重要。

大家看到我这样说，可能会心想“这难道不是理所当然的吗”。对一名商业人士来说，这“应该”是做决策时最基本的原则。我之所以给“应该”打上了引号，是因为大家在平常做决策的时候其实很容易忽视这一点。

有的人一旦认准了一个目标，就不愿意改变，还有的人会过分依赖于别人为自己设定的目标，这样的情况都很常见。

▲ 设定“只需做出一点点改变”的目标

既然我们的最终目标是找到“解决起来比较容易，且解决后能够带来明显效果”的问题，那就让我们先来看看“解决起来比较容易”这一条吧。什么样的问题才算是“解决起来比较容易”的问题呢？

首先这样的问题不能花费太多的时间和金钱。如果我们想要“提高英语”并且“接受外教老师的指导”，那就必须报名参加英语培训机构。这会花费很多时间和金钱。但如果我们把目标换成“每天在上下班的路上背诵10分钟英语”，那就只需要从平时上下班路上看手机的时间里挤出10分钟即可。这就是解决起来比较容易的问题。

这一点在商业领域也是一样的。当我们要设定新的目标时，最好是找到那些“只需要做出一点点改变”或者“用平时不怎么需要的东西来进行投资”就能够实现的目标。这样一来，工作难度就会大大降低。

例如，为了减少加班现象，某企业决定监管全部业务流程，提高员工的工作效率。但是由于业务流程中既存在可控因素，也存在一些不可控的因素，比如不同部门之间的差异和与客户之间的面谈等，这场改革最终不了了之。

而相反，另一家企业仅仅要求所有部门从每个月都要开的会中选出一个改成两个月开一次。这样一来，企业每年就能少开 6 次会，每次开会的 2~3 小时和用来准备会议的时间就都节省了下来。

与其去实行新规定，或是做一些以前没有做过的事情，不如就在日常的基础上稍微做一点变化。这样大家会更容易接受。

人力资源的配置也是同样的道理。若是组建一支全新的团队去挑战全新的事物，不仅会给员工带来很大的精神压力，还会耗费很长的时间。大家能否适应新工作也完全是未知数。不仅如此，团队成员之前负责的工作也需要进行交接，这样又会增加很多工作量。

与其要耗费这么多的时间和精力，还不如直接从企业外部聘用咨询顾问。这样从整体上来看能够节约一些成本。

我们可以从这些咨询顾问的身上学到一些经验，应用到公司以后的项目中。光从这一点来看，这些投资也是物有所值。

最重要的是，这样我们就能在不改变企业原有的组织结构的前提下应对突发状况。

再比如说，一家专门制造手机的公司里有一个部门，叫作“法人营业部”。很多需要给员工配备手机的公司法人会直接从这个部门大量订购。

如今，手机已经渐渐智能化，除了最基本的通话功能以外，还出现了一些新的可能性，比如一些应用可以用来帮助员工更好地完成销售任务。所以这家公司也开始思考，除了单纯销售手机以外，是否还应该再提供一些可以通过手机来实现的服务。

最终，这家手机制造公司决定开始为公司法人开发新的服务。他们从法人营业部中选拔出一些员工，组建了“法人服务开发部”。

对这些员工来说，他们一直以来的工作都是销售可以通话的手机。这些手机并没有任何特别之处，而他们现在突然要面对“服务开发”这项全新的工作。与此同时，他们还要兼顾之前的销售工作。

对法人营业部来说，员工数量的减少直接导致销售额出现了下降。而新成立的部门虽然目标非常明确，但是有的员工并不是很适合这项工作。这就导致该部门不仅没有取得理想的效果，反而让组织产生了混乱。

在这种情况下，企业应该从外部聘用一些专业人士，与他们签订短期的顾问协议，让擅长做这些事的专业人士来开发面向企业的手机服务。在工作过程中，可以让法人营业部的员工多和他们进行合作，从他们那里吸收知识和经验。这样的做法才是最高效的。

很多公司都会在组织陷入混乱状态后才来与咨询顾问签约。在我做咨询顾问时就接到过不少这样的项目。如果您想要设定一个容易达成的目标，不妨在日常生活的基础上稍微做出一点点改变。这一点在判断目标可行性时非常重要。

▲ 在选择目标时做好最坏的打算

想要同时提高足立区学生的学习成绩、健康水平以及当地的经济实力，几乎是不可能完成的任务。但是该区区长想到了一个更容易达成的目标，那就是“把学校午餐做得更好吃，让学生更喜欢待在学校”。

区长从自己所面临的诸多问题中选择了一个最有可能解决

的问题作为解决目标，并优先展开了攻势。最终，她的这个举措不仅成功提高了学生的出席率，还为其他方面带来了一些积极影响。

她所做的这一切都是基于两个前提条件。一个是“如果一个地方能提供好吃的东西，孩子们就会更爱去”，另一个是“如果一个地方能免费为孩子提供好吃的东西，家长们就会更积极地把孩子送去”。

相信大家在看到这两条后也会深以为然。当落实一个目标的前提条件看上去大概率可以实现时，这个目标就会比较容易达成。这样的前提条件，就能够耐得住最坏的打算。**所谓“最坏的打算”，是指用比较苛刻的方式来列举出一些我们不愿意看到的结果。**

比如“有的孩子就算能免费吃到好吃的，也更愿意在家里睡觉”，或者“就算学校会免费提供美味的午餐，有的家长也更愿意买食品回家给孩子吃”。像这样，通过对最坏的情况做出预想，我们就能够看出该目标实现的前提条件能否站得住脚。

一般来说，人们总会倾向于将实现目标的过程预想得过于顺利。比如有的人会想：“我们提供了这么好的服务，顾客一定能够理解我们的良苦用心，选择我们的产品。”

但与此同时，我们也要提前做好最坏的打算，比如其他公司可能也会推出相同的产品，且价格更加低廉，或者我们产品的功能可能与消费者的需求不符。如果我们有把握应对这些最坏的情况，那这个目标就会比较容易达成。换句话说，这个问题就属于比较容易解决的问题。

犯罪学中有一个著名的理论叫作“破窗效应”，该理论认为“把破碎的窗户修好”可以有效减少犯罪。纽约地铁就曾经利用这一理论，从细微之处入手，成功实现了降低犯罪率这一大目标。

纽约地铁曾因犯罪率很高而闻名。想要同时减少各类犯罪的发生并不是一件简单的事，所以政府首先决定先对车内涂鸦的现象进行彻底整顿。在那之后，纽约地铁上的犯罪数量出现了明显的减少。同样的，纽约市长朱利安尼也从一个容易达成的小目标入手，通过对交通违章行为进行取缔，成功降低了纽约市整体的犯罪率。而迪士尼乐园则是通过让保洁人员频繁地出现在游客视野内，有效地减少了园内乱扔垃圾的现象。

“只要我们毫不纵容小的违法行为，人们就不会轻易去实行严重的犯罪”，这样的目标即使是在最坏的情况下，也能够取得一定的效果。反之，如果我们把事情的发展预想得太过顺利，那我们所设定的目标就很难经受住最坏情况的考验。

“目前市场上的液晶电视的价格过高，所以只要我们把价格定得低一些，大家就都会来买。想要薄利多销，我们就得投放大量的电视广告。”这种看起来好像很有道理的推想非常危险，大家一定要多加注意。

想要达成这个改善销售状况的目标，下面这几个先决条件缺一不可：

- 目前市场上的液晶电视的价格过高
- 在产品性能相同的前提下，价格越低销量就越好
- 只要投放电视广告，提高产品认知度，就能有效提高销量

面对这几个条件，我们也要做好最坏的打算，比如：

- 很多人可能并不觉得液晶电视的价格过高
- 有的人宁可多花钱，也要买自己熟悉的品牌
- 商场内的促销活动比电视广告更有效果

事实上，上述的几条都不是空穴来风，而是实际调查中得出的结果。像这样用最坏的打算来检验目标的可行性，操作起

来非常简单。然而在现实生活中，很多人都会陷入主观臆断的误区，从而忽视掉这一点。

▲ 快速实现多个小目标也能创造大价值

在设定目标时，我们要把握好“从根本上解决问题”和“用简单的方式取得效果”这二者之间的平衡。就算我们有能力完成眼前的目标，也要从时间、资金和副作用的角度来评估该目标的优先度。

一些不怎么花时间也不必投入多少资金的小目标，有时候也非常重要。就算它们看上去有些不起眼，也可能会从量变到质变，最终产生意想不到的效果。

有时我们会直接设定一个很宏大的目标，然后再制订周密的计划去完成它；有时我们也可以同时设定很多个小的目标，在短时间内完成它们，实现效果的叠加。这两种解决方法的难度差不多，也都有各自的价值。

在很多时候，我们在努力达成一个大目标的同时，也需要完成一些小的目标，拿出一些可见的成果。通过快速实现多个小目标，我们也能积少成多，创造出巨大的价值。

总之，在设定目标时，“目标的可行性”和“短期内能否完成”是两个至关重要的因素。大家平时也要注意多从这两个角度来考虑，积累更多的经验和成绩。

▲ 向其他行业学习成功经验

企业的横向发展是指利用现有的成功模式来更简单地达成目标。也就是说，在基本条件相同的商圈内开同样的店，会取得同样的结果。

我在第 4 章提到的唱片公司的故事还有一段后续。

这家公司在发掘新人方面很是苦恼，愿意主动来递简历的人本来就不多，能力也都不尽如人意。由于公司的整体规模过大，很多新人不敢轻易接近，也完全不了解公司内部负责人的情况。

此时，漫画业界的运作方式成了我们的教科书。

在漫画业界中，新人通常会毛遂自荐，用作品来取得编辑的赏识。这样的机制是整个业界得以延续的关键。然而，在漫画业界，新人瞄准的并不是出版社，而是具有鲜明特色的各类杂志。

擅长画少女漫画的人会向各大出版社的少女杂志编辑部投稿，而擅长画搞笑漫画的人则会将自己的作品寄给各大出版社的搞笑漫画编辑部。

对想要出道的新人来说，他们平时购买的各类漫画杂志就是最好的判断依据。从这些杂志中，他们可以直观地看出编辑的喜好和倾向与自己是否相符。

很多大规模唱片公司的旗下都会有各种风格的艺人，如偶像派歌手、演歌歌手、乐队等。如果一家公司看上去包罗万象，反而会很难吸引新人来报名。

于是，这家公司决定将偶像派歌手、演歌歌手、乐队等部门彻底分开，并冠以其他的名称，也就是我们现在所说的“音乐厂牌”。

有的厂牌专门打造偶像派歌手，有的厂牌则只推出演歌专辑。这样一来，想要出道的新人就可以根据自己的专长来选择目标。

漫画和音乐是两个完全不同的世界，但是二者的机制却十分相似，都是靠新人的毛遂自荐来补充新鲜血液。在这种情况下，我们只要套用相同的做法，就可以得到自己想要的结果。这样，目标就比较容易达成。

需要注意的是，有些事物只是表面看起来相似，内在机制却完全不同。因此，大家在分析时一定要看清其背后的机制。

比如，在 BOOKOFF 通过贩卖二手图书而飞速发展壮大的那段时间，很多二手书店的经营者以为 BOOKOFF 的经营战略就是“打破以往二手书店古旧的固有印象，将店铺装修得更加宽敞明亮”。但是他们重新整修店铺以后，却发现销售额没有出现增长。

事实上，BOOKOFF 成功的关键不仅仅是吸引顾客前来购买，更在于加大宣传力度，吸引更多的人来卖书。“卖书就到 BOOKOFF”这句广告语不断地出现在大众的视野中，让大家觉得去 BOOKOFF 卖书是一件非常方便轻松的事情。这才是 BOOKOFF 成功的真正原因。

因此，就算其他店铺想要模仿 BOOKOFF 的外观，把店内装修得富丽堂皇，也都无济于事。只有像 BOOKOFF 这样，呼吁大家来卖二手书，再通过种类齐全的产品来吸引顾客前来购买，才能实现真正的良性循环。

▲ 明确第一天应该做的事情

我们在设定目标时，如果一眼就能看出自己第一天需要做些什么，那么这个目标就比较容易达成。

有的目标看起来很容易实现，但要真正制订起计划来，却不知道从何下手。这就说明我们对事物的分析还不够透彻，这个目标的可实现度也比较低。

“谁”“在哪里”“做什么”，面对这些问题，如果我们能够马上给出具体的回答，那么这个目标就可以算是比较容易实现的目标。

比如“足立区的美味午餐”这一案例。

“我们要提供更加美味的午餐，让孩子更爱来学校”，这样的目标实现起来应该很困难，因为“提供美味的午餐”这样的表达不够具体，让人联想不到第一天应该做什么。

如果光是喊口号“我们要做更美味的午餐！”，然后让大家各自努力的话，这一目标可能永远也无法实现。

于是，足立区将关注点放在了“剩饭率”这一指标上。所谓“剩饭率”，是指学生午餐的剩饭量的多少。

足立区决定使用这一指标来评价午餐的美味程度，并迅速制订了具体的行动计划。他们对区内各个小学的剩饭率进行调查，选出了剩饭率较低的食谱，并将这些食谱推广到了全区的所有小学中。

像这样将目标细化以后，实现起来就比较容易，之后只需要做一些细微的调整即可。

企业的改革也是如此，如果一个目标过于笼统，让大家不知道该从何处着手的话，这个目标实现起来就很困难。

“我们目前的第一要务就是削减成本”“我们要开拓海外市场，提升销售额”，等等，这样的目标只会让人感到手足无措，往往很难达成。看到这样的目标，我们很难想象出自己接下来第一天应该做什么。

有些人总是想着“只要有个大致的目标就行了”，因而不会将目标深入细化，这就直接导致拖延和混乱的产生。

所以，大家在设定目标时，一定要问一问自己：“想要实现这个目标，我第一天应该做什么？”这样就可以判断出这个目标的可行性如何了。

如何预估问题解决后带来的影响

▲ 准确定义“普通”——从量化开始

在上一节中，我向大家介绍了一些用来判断问题难易度的方法，接下来我想讲一讲，该如何预估一个问题解决后带来的影响。

大家可能会觉得问题的难度无法提前预判，但是事实上，只要我们借鉴前人的经验，对一些关键的因素进行评估，就可以避开很多陷阱。

除了销售额、分数等数字指标，人的健康状况和幸福度这种定性的指标也可以通过量化变得更加一目了然。

可能有很多人不太喜欢用指标去评价事物。的确，这种做法并不是万能的，但是可以让许多问题变得更加一目了然。

比如，我们可以将“过胖”和“过瘦”这种定性的说法用

BMI（身体质量指数）数值来表示。这样一来，我们在设定目标时就有了具体的判定依据。

很多人可能会反驳说：“BMI 不能说明一切。”但是，比起“过胖”和“过瘦”这种模糊不清的字眼，使用 BMI 这样的数字指标更方便我们对身体健康状况做出评价，这也是无可争辩的事实（图 6–1）。

BMI 量化	~18.5	18.5~25	25~30	30~35	35~40	40~

图 6–1　正常体形和微胖的 BMI

只要我们将该指标的变化范围，以及各种体形的数值定义清楚，就可以放心地应用到各种场合之中。

▲ 找出源头上的问题，有效提高效率

在培训机构中，我们经常需要分析学生有哪些知识点没有掌握好，考试的时候在哪些地方容易丢分。各科的指导老师不仅会提出各自的见解，还可以用电脑程序对学生模拟考试的结果进行分析，得到一些详细的信息。比如：

【数学】

1. 小数的计算

2. 求梯形面积

3. 求速度的应用题

【语文】

1. 接续词的使用

2. 说明文的阅读

3. 指示词的理解

【理科】

1. 解读实验结果

2. 物理计算题

3. 化学反应知识

【社会】

1. 江户时代的政策

2. 国会的组织结构

3. 资料阅读和主观题

我们需要从中选择对学生成绩的提高最有帮助的项目来进行重点辅导。

光是将问题这样罗列出来，只会让人抓不住重点。我们如果能画出问题的关系图，就可以更加高效地设定目标。

在这个案例中，数学里求速度的应用题、语文的所有问题、理科中解读实验结果的问题以及社会里的资料阅读问题其实都是要求学生读懂逻辑性较强的文字内容（图 6–2）。

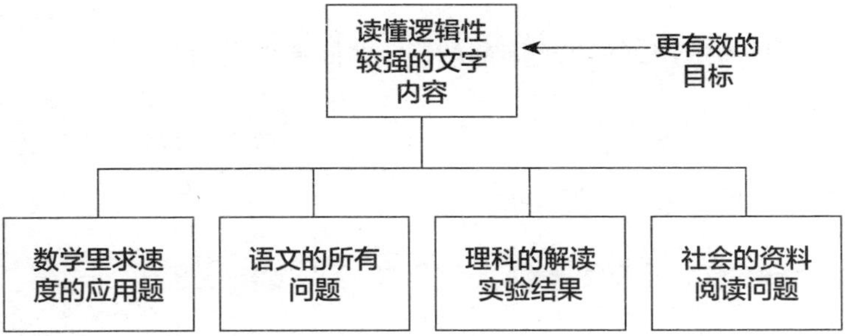

图 6–2　按顺序依次去解决这些问题会花费大量的时间

我们在面对这 12 个问题时，只要仔细想一想原因，就会发现，问题的本质其实是“学生不擅长阅读逻辑性较强的文字内容”，其他的很多问题都是因此而产生的。

因此，学生如果能够在短期内对这一项进行重点突破，就可以一举解决多个问题。

由此可见，当我们面对很多问题时，最好先停下来想一想这些问题之间存在怎样的联系，看看它们是否存在共通点，这样有助于我们更加高效地设定目标。尤其是在多人的团队合作中，这一步非常重要。

▲ 目标所描绘的理想和现实有多少差距

我们想要判断某个目标的优先度时，可以先想一想这个目标所描绘的理想和我们眼前的现实之间有多大的差距。

为了设定“理想状态”，我们需要对方向性做出判断。这里所说的“理想”可以指：

- 自己的经营理念
- 达到一般性的评价标准
- 赶超其他的竞争企业
- 与以前相比取得某些进步

对个人来说，“理想”也可以指：

- 实现梦想，成为理想中的自己
- 达到社会平均水平

在不同的评价基准下，理想与现实之间的差距也各不相同。

明确自己的理想后，我们还可以在通往理想的道路上均匀地设置一些里程碑，也就是中期目标。

很多人认为，这都是理所当然的事情，既然要设定目标，肯定自己要先设想达成什么样的理想状态。然而事实上，这一步很容易被忽略掉。

理想与现实之间的差距，其实是在评价一个目标实现后能带来多大影响时最基本的指标。

例如，对中小企业来说，“达到业界标准”这一理想实现起来就比较轻松。

对进货价格和其他固定费用进行审核，对没有达到业界标准的部分进行整顿，这种做法可以说十分有效。

如果是大企业之间的竞争，我们就要把理想放在赶超其他竞争对手上。

在此基础上，我们想要将公司打造得更有特色，就应该把理想换成“实现自己的经营理念”。比如，有的企业会提出“实现零废弃”“不再使用塑料吸管”这样的口号。

▲ 眼前的问题是否会引发其他问题

有的问题会引发其他的问题，找出前者，有助于我们及时止损。

例如，一家电子仪器生产商同时面临着两大难题：

- 消除产品的质量问题
- 完善产品质量问题的应对措施

通过对商场和顾客进行调查，我们发现，在很多情况下，产品出现质量问题后的售后服务比质量问题本身更容易引起顾客的不满，影响顾客对品牌的信赖度。从这个角度来看，我们应该把“完善产品质量问题的应对措施”放在首位。

此时关键的一点在于，由于企业中各部门的分工不同，我们很难马上意识到自己眼前的问题还会导致其他问题的产生。因此，企业的经营者和跨部门管理人员显得尤为重要。

日本有一句俗语是“一旦刮风，卖木桶的就会大赚”，用来表示一件事情可能会带来意想不到的影响。我们要做的就是把握好事物之间的联系。“危机管理”这个词，用在这里就很合适（图 6–3）。

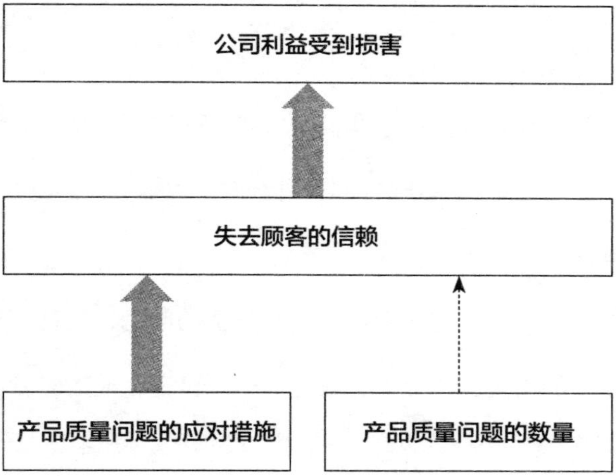

图 6–3　产量质量问题引发的危机管理

▲ 在保证一定收益的前提下打破恶性循环

在前文中，我告诉过大家，不要被眼前的现象所迷惑，要通过多问“为什么”来挖掘问题的本质。

比如，当一家酒店的经营陷入困境时，我们首先应该想一想“为什么这家酒店的经营会陷入困境”。然后就会发现，这家酒店的顾客满意度很低，口碑不好，所以客人不愿意再来第二次。

接下来，我们可以继续思考“为什么这家酒店的顾客满意度很低”，把问题的范围缩小到“客房不够舒适”和“餐品味道差”等几点上。

通过这样追根溯源，我们会发现，一些工作现场出现的问题，有时可能来自企业的经营环境和经营战略，甚至是企业的经营理念。

企业在经营方向或者说经营哲学上的问题，就这样显露了出来。我们发现这一点后，就可以通过修正企业的经营方向来解决问题。

然而，就算问题出在了企业的经营方向上，只要修改了经营方向，就能够圆满解决问题吗？

我们最初设定的经营方向，也未必就是问题的源头。

所谓“经营方向”并不是凭空决定的，而是需要根据企业的实际情况随时做出调整的。

所以说，公司的实际运营情况和公司的经营方向其实一直处于相互影响的状态（图 6–4）。

在企业的经营循环中，收益就像血液一样，会直接导致问题的产生。

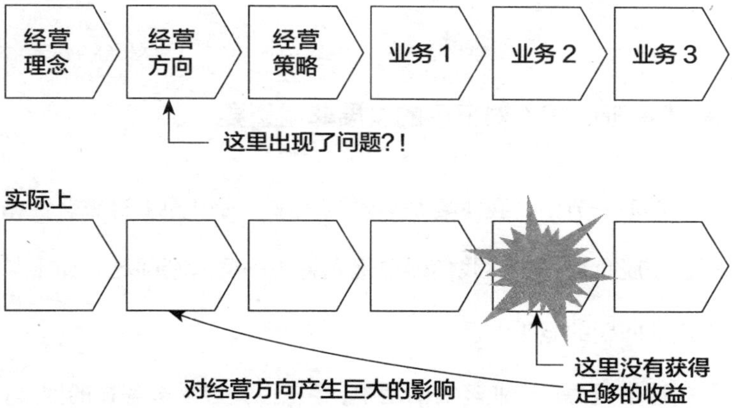

图 6-4　企业经营问题

刚才我所举的酒店的例子也是一样。如果酒店无法从现有的顾客身上获取一定的收益，就必然无法得到足够的资金来进行下一轮投资。

这样一来，酒店的宣传力度、住宿环境和餐品质量必然会出现短板。如果我们把资金都投到改善住宿环境和提高餐品质量方面，那接下来酒店的宣传力度必定会大打折扣。

获得收益也许不是我们的最终目的，但它却能够左右酒店的经营方向。因此，我们在解决问题时，必须注意保证一定的收益。

▲“拖延时间”对日后的发展非常重要

在上一节中，我主要是想告诉大家，有时为了打破恶性循环，摆脱负面影响，我们需要优先解决一些末端问题，而不是直接从问题的源头下手。

这是因为在企业经营活动中，存在一些容易被忽视的因素，比如收益和时间。

看到我这么说，很多读者可能会感到疑惑：“作为商务人士，怎么会有人不关注收益呢？”事实上，在平时的工作中，收益会被分解成很多不同的指标，比如从某个客户那里取得的销售额或者文件提交的截止日期等，这些就是大家工作中常见的目标。与提高收益相同，争取时间对企业的经营来说也十分重要。

例如，在医疗急救工作中，如果伤者目前的状态无法承受彻底的治疗，就必须先想办法维持其生命体征，如进行止血，让伤者养精蓄锐，恢复一定的体力。

企业经营也是如此，就算一家企业决定彻底放弃某个项目，将资金转投到新的项目中，也不能立刻就全面撤资，这样会产生巨大的副作用。

对日本企业来说，对该项目部门进行裁员的难度更是非常大。一旦做出这样的举措，会使公司员工的士气遭到巨大打击，公司在招收新人时也会被排斥在外。

在这种情况下，我们不能过度追求从根本上解决问题，而是应该先设立分公司或者调整企业结构，慢慢地退出该项目，让这个项目随着时间的流逝自然而然地消失。

我们在做小学生的升学辅导时，有些问题也只能交给时间来解决。

小升初的学生大多是 12 岁左右，身体和精神都还在发育，个体之间的差距非常明显。

有些孩子的思想还不够成熟，可能无法理解阅读题中一些人物的想法。有的孩子分不清自己应该做的事情和想做的事情，不会安排事情的先后顺序，给自己带来了很大的精神压力。

为了应付考试，有的家长会让孩子专门学一些“看不懂阅读题时的解题技巧”，有的家长会使出浑身解数来哄孩子学习，让孩子把所有时间都放在学习上。与其这样做，不如将目光放得长远一些，以三年后的中考为目标来制订学习计划，这样做效率反而更高，也更容易看到效果。

初中的这三年时间的学习会对孩子的成长起到巨大的促进作用。在这三年中，孩子的精神和体魄都会产生惊人的变化。很多孩子都能够在这个阶段管理好自己的生活，解决一些自己力所能及的问题，并在此过程中取得飞跃性的进步。

如何筛选出优先度较高的问题

▲ 找到同时满足三个条件的问题

我们在讨论问题的优先度时，需要先搞清楚这些问题对谁来说比较重要。

就算某个问题从数值上看会带来很大的影响，但如果这个问题对公司来说并不重要，我们也无须优先解决它。

举个例子，迪士尼乐园的门票价格比其他主题公园高出很多，其运营成本也很高。但迪士尼认为，没有必要就此做出改变。就算降低了门票的价格，游乐园的整体收益也不会出现太大的变化。目前的票价对迪士尼的品牌形象也没有多大的影响，所以这个问题对公司来说并不重要。

有些游客可能觉得迪士尼乐园的门票价格过高。对他们而言，门票价格的高低是一个非常重要的问题。但对迪士尼来说，这个问题无关紧要。

以前，员工带薪休假制度的执行率普遍很低，如果解决了这一问题，员工的工作环境显然会发生很大的改变。然而，公司认为这个问题对公司来说无关紧要，并不会花费大量的精力来保障带薪休假制度的执行。

如今，员工带薪休假制度执行率的高低会直接体现出公司的经营理念，对公司的口碑也有巨大的影响。这个问题也就变成了对公司来说非常重要的问题，需要被优先解决（图 6–5）。

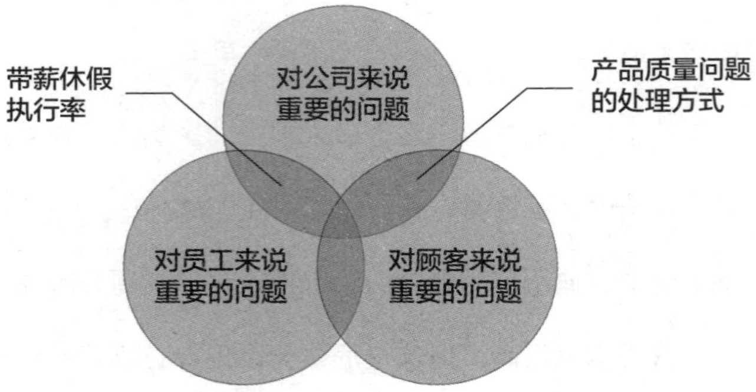

图 6-5　对公司、员工、顾客来说重要的问题

对个人来说，同样如此。我们拿不准自己应该解决哪个问题时，可以想一想“这个问题对谁来说比较重要”。

这个“谁”不仅可以是自己，**还应该包括公司和家人**。

如图 6–6 所示，同时满足三个条件的问题就是我们应该优先解决的问题。

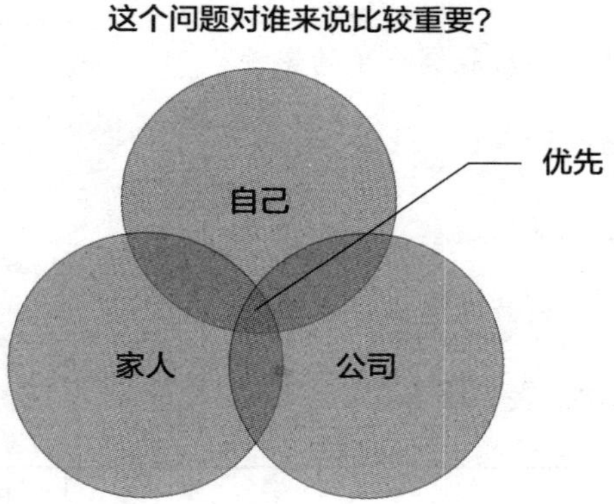

图 6-6　应该优先解决的问题

▲ 用打分的方式评估影响因素

为了帮助大家设定难度低且影响大的目标，我在前文中介绍了很多筛选问题的方法。

然而有时候，我们也需要从多个方面对问题进行综合评价，然后再做出选择。

我们在制定经营策略或是做出判断时，可以用分数来评价各种因素，这样就可以有效防止遗漏。

我们如果想更加重视某种因素，就可以采用加分或是乘以系数的方式，将这种重视反映在数字上。比如，我们可以用5分制来给以下四种因素打分：

- 问题解决后能够产生的影响
- 成功的概率
- 需要花费的成本
- 对公司内外其他问题产生的积极影响

其结果如下表（表6–1）所示。

	A	B	C
问题解决后能够产生的影响	3	4	5
成功的概率	2	1	3
需要花费的成本	4	2	1
对公司内外其他问题产生的积极影响	1	4	3
合计	10	11	12

表6–1　四种因素评分表

接下来，我们还可以根据具体情况，来给自己比较重视的因素乘以一个系数。比如：

- 考虑到失败时公司会承受巨大的财政损失，将概率因素乘以系数1.5。
- 考虑到公司的财务情况，将成本因素乘以系数2。

这样一来，我们就可以重新制作一个评分表（表 6–2）。

	A	B	C	系数
问题解决后能够产生的影响	3	4	5	–
成功的概率	3	1.5	4.5	1.5
需要花费的成本	8	4	2	2
对公司内外其他问题所产生的积极影响	1	4	3	–
合计	15	13.5	14.5	–

表 6-2　四种因素评分表

根据评分结果，我们应该选择方案 A 作为目标。

大家可能担心这样的做法有些简单粗暴，但是这样做总比因为找不到万能的评价标准而停滞不前，或是将各种因素混在一起考虑而遗漏了重要因素要好得多。

警惕过于理想的数据

▲ 通过图表来做出判断时的注意事项

我们在做决策时，通常会把数字看成是十分客观且值得信赖的东西。然而，当数字出现在图表中时，它们就会像活物一样，带给我们不同的信息和讯号。在本节中，我将向大家介绍一些看图表时需要注意的关键点。

▲ 必要的数据和对自己有利的数据

我们在收集数据时，要注意分清必要的数据和对自己有利的数据。收集对自己有利的数据只会让解决问题的过程看起来很顺利，但起不到任何实际的作用。

在上一章我也提到过，在设定目标时，我们需要对最坏的情况做出预想，这样有助于我们提前对日后可能出现的问题做准备。

我们在做方案汇报时，也应该向对方讲清楚“如果该方案在实行过程中出现问题，我们会如何应对”，这样才能赢得对方的信赖。

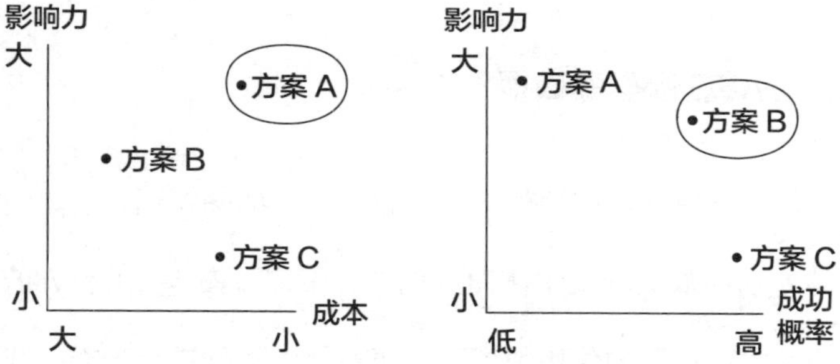

我们所选取的比较项目是否合适

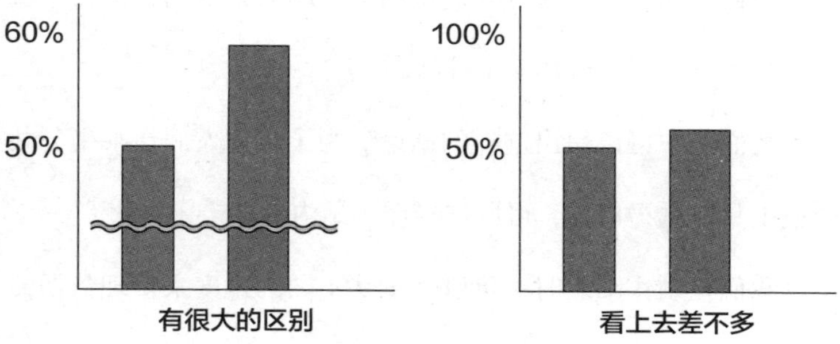

刻度间隔是否合适

图 6-7　选择合适的项目和刻度间隔

反之，如果我们在汇报过程中对可能出现的阻碍只字未提，就会使对方产生疑虑，认为我们的考虑不够周全，对我们今后的提案也会有所怀疑。

大家在制作图表时，也一定注意选择合适的项目和刻度间隔（图 6–7）。

▲ “应该在哪里卖口罩？”

通过选取合适的项目进行比较，我们能够发现它们之间潜在的差别和数据的集中倾向。例如，下图（图 6–8）上方的柱状图是将“口罩的使用频率”按照不同的人群进行分类，我们从中看不出什么区别。

然而，如果我们通过人们使用口罩的场景来划分项目，就可以得到图片下方这样一个柱状图。

我们从中可以得出这样的结论：为了方便人们在乘坐公共交通工具前购买口罩，可以选择在车站内的超市中销售。

我们在制作图表时，可以尝试从不同的角度来整理数据，比如按照人物、场所和时间。

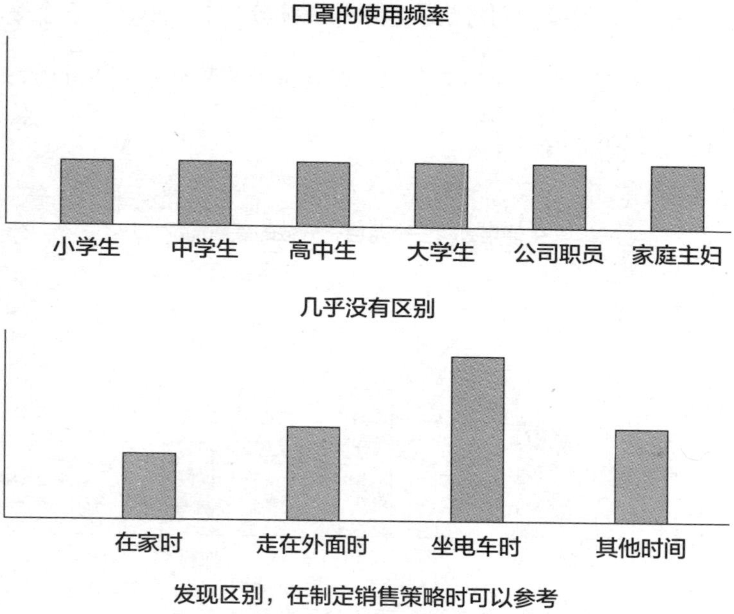

图 6-8　口罩使用频率柱状图

▲ 讨论不同项目之间的相互影响

我们在制作图表时，如果不小心忽略了某个项目的影响，就可能使数据之间的因果关系和关联性变得很不明显。

例如，下图（图 6-9）是学生使用 A、B、C 三种教材后考试分数提高的平均值，总体来看，三者相差不大。

但是，如果我们将学生原本的成绩分成上、中、下三个等级，并将这一项目加到图表中，将表格中的数据进一步分类，就会看到明显的差异。

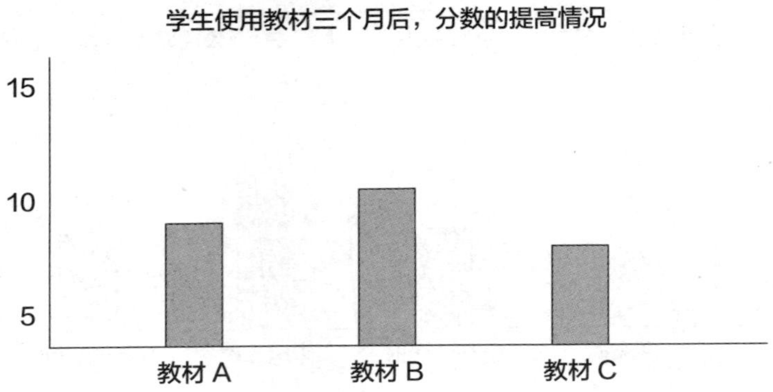

图 6-9　学生使用不同教材后的考分提高情况

这说明，教材 A、B、C 对于不同分数段的学生会产生不同的影响。

大家在制作图表时，一定要多想一想哪些项目之间可能存在联系，尝试一些不同的搭配。

▲ 让数据对比更加一目了然

有些人在制作图表时，除了自己想要进行对比的数据，还会加入很多无关的信息，这会给看图表的人带来很多干扰（图 6–10）。

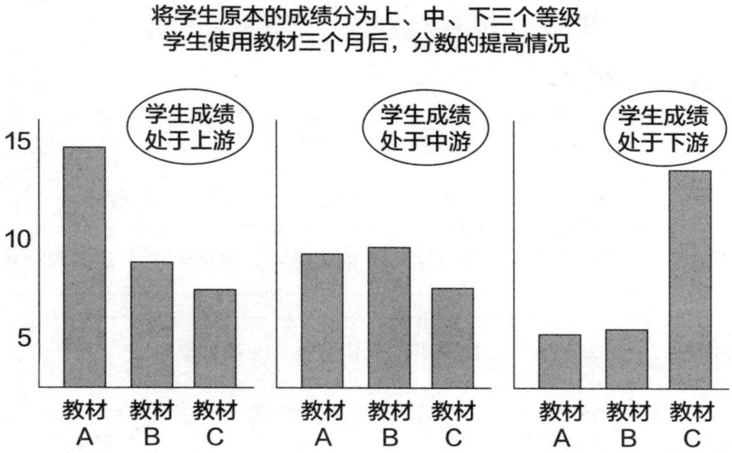

图 6–10　学生成绩状况

在这种情况下，我们最好将各个项目之间存在差异的部分凸显出来，或者单独拿出来进行比较，这样才能让人一眼就看出眼前的这几种选项之间存在哪些区别。

下面是一名学生周一到周五的课外学习计划（图 6–11），我们要从中选择一个合适的方案。

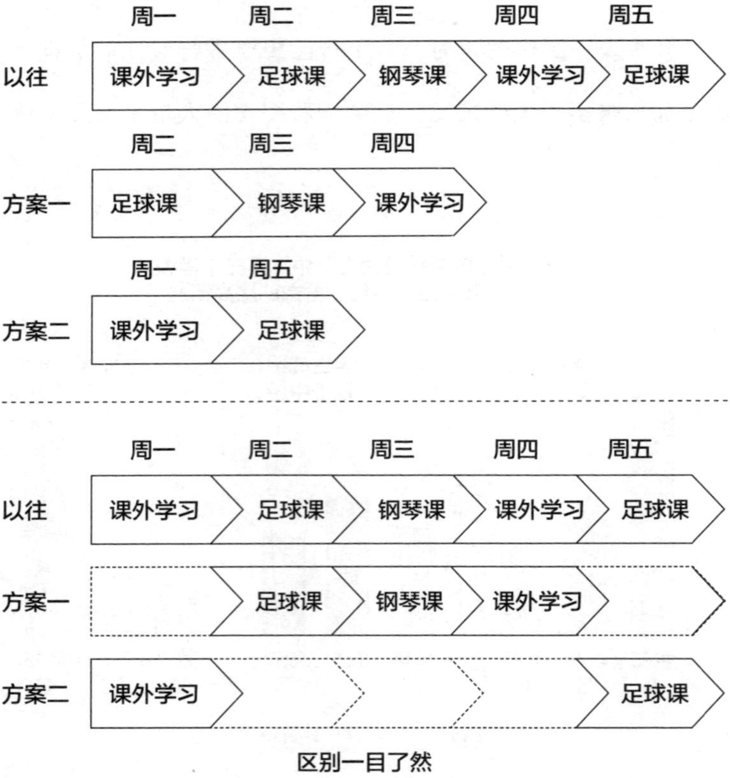

图 6–11　一名学生的课外学习计划

看到上图，我们就对不同方案之间的区别一目了然了。当我们想要检验自己的选择是否正确时，也可以立刻从中找到问题所在。

我们要在不同的方案中做出选择时，需要额外注意那些特别高或特别低的数值。因此，我们要在保证公平客观的前提下，从不同的角度来进行分析，寻找那些隐藏的特殊数值，这一点非常重要。

这种分析的案例有很多，大家可以勤学多看，提升自己的分析能力。

▲ 用 PDCA 循环提升自我

一流的厨师在研制新菜时，会将自己尝试过的所有方法都记录在案，方便日后进行对比。

如果只是通过添加各种调味料，凭感觉做出了一道美味的菜肴，以后想要重现这种味道就会很难，也将无法在此基础上进一步对味道进行改良。

设定目标，然后想办法达成目标，这并不是一件一次性的工作。世界上并不存在完美的解决方式，且日后也有可能再次出现同样的问题。

PDCA 循环包括四个步骤，分别是“制订计划（P）”“实行计划（D）”“评价与反思 (C)”和“改善（A）”，一次循环结束后，我们可以将从中得到的经验应用到下一次的目标设定中。

关于目标的设定和解决问题的方法，无论我们多么努力地去学习，都不可能找到最优解。因此，如何总结经验并将其运用到下一次的工作中就显得尤为重要。

关于这一点，我希望大家在设定目标时注意“以可验证的形式执行”。

举个例子，当我们设定的目标存在重复，或者同时设定了多个目标时，事后的分析就会变得很困难。

面对最终取得的成果，我们无法判断这些目标哪个是有效的，哪个是无效的。

在此我想重申一遍，解决问题并不是一件一次性的工作。大家不要觉得“只要想办法挺过这一次就行了”，而是应该在制订计划时考虑一下，如何将这次的经验应用到下一次的工作中去。

我们想要改善一个工厂的业务流程时，需要考虑不同工序之间存在怎样的对应关系，会如何相互影响。

与其同时变动多个工序，不如先对其中一个下手，看看会产生怎样的影响，然后对结果进行比对，这有助于我们制定下一步的解决方案。

再比如，如果我们打算同时在电车、电视和杂志上投放广告，就一定要想办法搞清楚这三种渠道分别会产生多大的影响。

第6章的关键点

不要试图一口气解决所有问题，要学会取舍。

对问题的难易程度和问题解决后能够带来的影响进行分析。

我们想要做出判断时，可以用一些小技巧，让选项的特殊性凸显出来。

数据的整理和分析一定要公平、有效。

第 7 章

创业者们如何发现和创造问题

成功的企业可以分为三种模式。

成功的创业想法和失败的创业想法之间的区别，**就在于“目标设定能力”**。

有些人之所以创业失败，是因为他们根本没有给自己设定目标，而是一味地追求与众不同。

比如，曾经有公司推出过一款可以用作电视遥控器的手表。但其实，“在手表中加入电视遥控器功能”只是一种手段，而并非目标。

当有人需要具备电视遥控器功能的手表时，我们可以推出这样的产品来帮助他们解决问题。

然而事实上，根本没有人需要这样的手表。

在本章中，我将向大家介绍一些著名的企业和产品，看看他们是如何发现问题并成功设定目标的。

这些案例可以大致分为三类：

1. 分析当前的业务流程，找出存在的问题；

2. 从现有商业模式中找到顾客面临的问题；

3. 在没有问题的地方创造出问题。

分析当前的业务流程，找出存在的问题

▲ 关注价值链的末端，捕捉风投机遇

首先，我想向大家介绍一些通过“分析当前的业务流程，找出存在的问题”而获得成功的企业。

在前文中，我曾向大家介绍过 VC（价值链）分析模型。

接下来我要介绍的一家风投企业，就是通过对价值链进行分析，从而成功发现了商机的。

我在第 1 章中提到的 ZOZOTOWN，是一家帮助服装厂商完成网络销售、包装和寄送等环节的企业。

对那些习惯于线下销售的服装厂商来说，网络销售的各个环节会出现很多新问题，而 ZOZOTOWN 则迅速为他们提供了高品质的服务。

像这样，越来越多的风投企业开始为那些对价值链末端环

节感到有些吃力的行业提供服务。

有一家名叫 Plant Table 的公司为注重作物和肉类品质的农民和畜牧业者提供了一个平台，方便他们将这些食材卖给餐厅（图 7–1）。

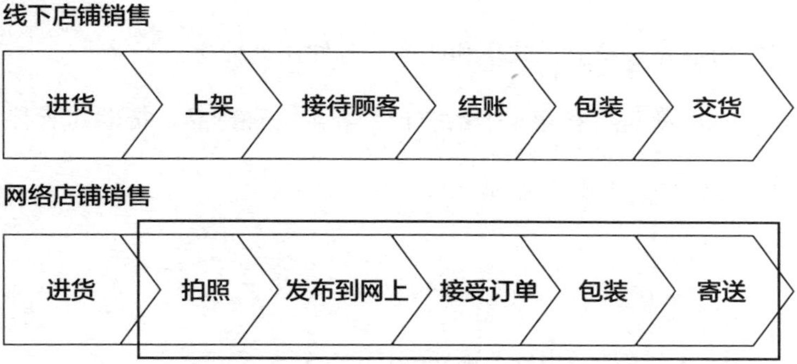

图 7–1　线下销售和线上销售的各个环节

农民会将大部分精力放在农业生产上，宣传、销售和物流基本都是外包给农业协会来做，所以他们对这些环节一窍不通。Plant Table 正是从中看到了商机。

还有一家名叫 Creema 的公司，则是为个人设计师制作的包和首饰提供了一个销售平台。

这些个人设计师通常是专门从事制作工作，对销售和物流不太了解，更没有余钱去雇用懂行的人。从价值链的角度来看，他们无法独立完成生产以后的流程。

这些设计师的手上有产品，但是不擅长做销售，而 Creema 正是为这些无法完成价值链中销售环节的人提供了代理服务。

后来，又有人开始将关注点从“手里有产品却不擅长销售的企业”转移到了“手里的东西可以成为产品，但是没想过去销售的个人”身上，共享和匹配业务便由此而生。

Uber 就是将私家车上的空位置看成一种产品，帮助其所有者进行销售。Airbnb 也是同理。

▲ Uber：有效利用“没被使用的个人资产”

在美国，人们很难在街头打到出租车，很多人都对出租车的档次和司机的服务深感不满。

站在美国的街头，想要打到一辆出租车如此之难，但是，我们眼前总有很多私家车驶过，而这些私家车上总有空座位。

“有没有人能捎我一程？”

“在这么多车里，肯定会有一辆和我是顺路的吧？”

“我可以付钱，能不能让我上车？”

这就是 Uber 要解决的问题。

确定了目标后，Uber 就利用智能手机迅速地解决了问题。他们开发了一个应用程序，将那些“愿意让别人上车的人”和“想要坐车的人”进行匹配，并很快得到了推广。

在日本东京都的市中心，人们很容易就能打到车，并不存在打不到车的问题，所以这项服务可能找不到受众。但是，在那些人口出现减少的地方城市，越来越多的人开始需要这项服务。

一直以来，出租车行业都是由企业垄断的，而 Uber 的目标则是“通过让个人提供租车服务，降低服务价格，高效利用个人资产”。

相较于企业垄断，个人提供的租车服务在质量上可能会略有下降，但是数量却出现了显著的增加。

越来越多的公司都开始从这个角度来发现问题，提出新的业务（图 7–2）。

公司为私家车司机提供路径规划和收银服务，使交易能够顺利进行。

民宿预订平台 Airbnb 也是如此。在很多情况下，即使酒店的客房已经满员，附近也会有很多没人住的空房子。Airbnb 就在网络上打造了这样一个平台，让这些空房间都能够被有效利用起来。

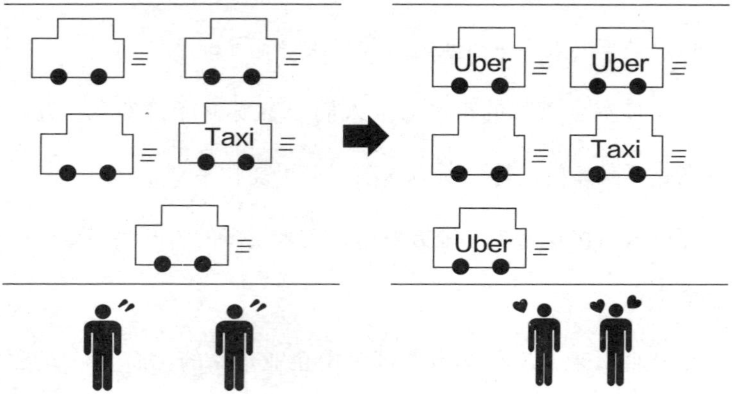

图 7-2　租车新业务

▲ 备受关注的 sitateru 是从哪里入手的

服装的生产是服装行业最重要的一个环节。一家叫作 sitateru 的企业正是在这个环节中发现了问题。服装企业和个人设计师在完成设计后，下一步就是进行生产，而服装工厂的制作工序往往十分复杂，且规模庞大。找到合适的工厂、进行价格谈判、签约，这个过程十分不易且基本都只能进行批量订购。

而 sitateru 就是一家对生产过程进行代理的企业。

它会掌握各个工厂的生产情况，然后将那些能够接小订单的工厂与服装企业进行匹配。对这些工厂来说，在淡季的时候接一些小订单也比完全空闲下来好得多。

▲ 成功缩短各个环节时长的西南航空

西南航空对客机运行的价值链进行了彻底而细致的分析，以“缩短各环节时长”为目标，使飞机高效运转，并成功降低了机票的价格。

客机在抵达机场后，需要完成以下环节才能够再次起飞。

- 装载行李
- 清扫
- 乘客登机

西南航空想从这些环节中省出一些时间，于是对它们进行了深入分析。

比如在“装载行李”这个环节中，乘客的行李可以分为两种，一种属于从该机场登机的乘客，另一种属于在该机场转机的乘客。

同理，在“乘客登机”这一环节中，两种乘客的登机路线也不相同。

由于转机的乘客经常出现延误，转机乘客的登机和行李的装载都会花费更多的时间。因此，西南航空决定将业务范围限定在没有转机乘客搭乘的直飞航班上。这样一来，西南航空就不必再使用大型的机场，机场的使用成本也降了下来。

同时，在清扫环节中，为了将保洁人员进入飞机的时间节省出来，西南航空客机的清扫都是由空乘人员来负责。

通过将价值链细化，彻底找出问题所在，西南航空成功提高了客机的运行效率，降低了飞行成本。

为了找出问题所在，我们要像使用放大镜一样，将整个价值链放大来看。分析模型不仅能将细节放大，还可以帮助我们整理这些细小的环节，使各个场景都清晰可见。

▲ 格莱珉银行的“五人小组”制度

银行的一项重要业务就是通过把钱借给别人来赚取利息。这个过程可以分为以下五步：

1. 与潜在客户接触

2. 推销

3. 审查

4. 签约

5. 回收贷款

其中最重要的一步就是“审查”。

所谓“信用审查”，就是审核对方是否具备按期还款的能力。如果一名潜在客户百分之百具备还款能力，该客户就会被称为“优质客户”，各个银行都会争先恐后地与其签约，并降低贷款的利率。相反，如果一名客户的还款能力令人担忧，银行就会提高贷款利率，还会要求对方提供抵押品作为担保。

格莱珉银行创办于孟加拉国，是一家为贫困人群提供贷款服务的银行，于 20 世纪 80 年代正式开始运作。

这家银行所做的并不是慈善活动，而是有利可图的生意。直到现在，该银行都在不断获取收益，扩大公司规模。其客户数量也已经从 1 万人增加到了 800 多万人。

向贫困人群发放贷款并不是一件简单的事情。由于贫困人群的还款率很低，且并没有什么资产能够用来作担保，很多大型银行都会拒绝为他们提供贷款，日本的银行也是如此。就算把贷款的利率调得很高，回收起来也十分不易。

也就是说，一家银行的贷款业务能否取得成功，关键是看这家银行能否对客户的还款能力做出正确的判断，识人的眼光是否优于其他银行。

因此，银行在做信用审查时，会着重审查对方所拥有的资产。这里所说的“资产”不仅包括可以变卖的土地，还包括其产品的潜力、销售能力以及以前的还款记录。

为了提升对方的还款能力，银行的工作人员还会为其公司的经营出谋划策，甚至帮助他们寻找客户。

格莱珉银行对孟加拉国的贫困人群所拥有的资产进行了考量，发现他们拥有一种特殊的资产，那就是**“地缘关系”**。

这些贫困的人手上虽然没有什么能够变卖的资产，但却极为重视同一地区内人与人之间的纽带。其中一个比较现实的原因就是，在孟加拉国，如果一个人搬迁到其他地区，短时间内很难找到工作。

于是，格莱珉银行在发放贷款时，会先让借款人结成一个个五人小组。

如果五个人中有谁没能及时还款，那么小组中的其他四个人以后也将失去贷款资格。

这样一来，小组中的五个人就会互相监督、互相帮助，因此还款率非常高。

除此之外，在“与潜在客户接触”这一最初环节中，格莱珉银行的工作人员会直接访问村庄，与村民签订贷款合同，而其他银行在个人贷款方面则并不存在这样的机制。

像这样，格莱珉银行通过对价值链进行分割，让问题一个个地显现出来，然后针对新的客户群推出了新的服务模式（图 7-3）。这也是一个从现有的价值链中成功发现问题的优秀案例。

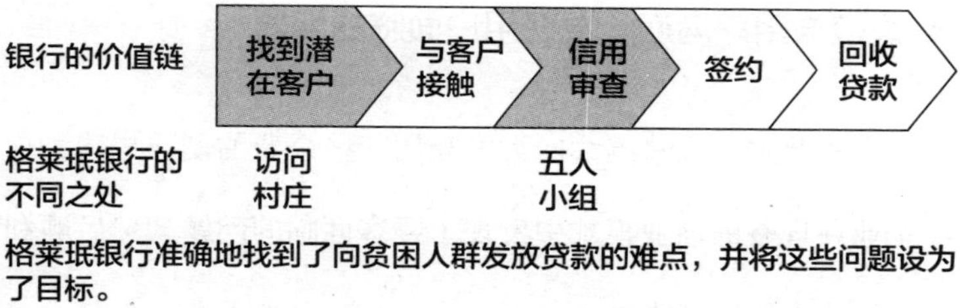

图 7-3　格莱珉银行的新服务模式

从现有商业模式中找到顾客面临的问题

▲ 直接与用户沟通，发现用户面临的问题

在本节中，我将继续向大家介绍一些企业的创业想法，这些企业在现有的商业模式中发现了顾客面临的问题，然后顺利成了行业中的后起之秀。

我曾在第五章向大家讲解过如何灵活运用第一手信息和访谈来找到那些以前未曾注意到的问题。风投企业 Mercari 就是一个典型的成功案例。

▲ Mercari：吸引不使用雅虎拍卖的用户

每个人都可以将自己不再需要的东西放到网络平台上进行售卖。在日本，雅虎拍卖曾经垄断了这一网上售卖行业长达近

20 年。

而在那之后，二手交易平台 Mercari 闪亮登场了。

虽然二者表面看起来是面向相同的市场，但雅虎拍卖采用的是拍卖模式，而 Mercari 采用的是以固定价格出售的跳蚤市场模式。

对这种类型的网站来说，顾客的访问量非常重要。因此，“第二名”的存在便失去了意义。由于雅虎拍卖已经垄断了市场，eBay 和 bidders 推出的同类服务都惨遭落败，彻底销声匿迹。

而令人惊讶的是，Mercari 不仅没有从市场上消失，反而成长到了相当大的规模。只能说，Mercari 并没有和雅虎拍卖同台竞技，而是开辟出了一个新的市场。

Mercari 成功的关键，就是其巧妙的目标设定。他们的目标群体是那些“不用雅虎拍卖的人”，这些人通常具有以下几个特点：

- 感觉拍卖的过程很麻烦
- 认为拍卖这种事情距离自己太遥远
- 想马上把东西卖出去
- 对买家有一定的要求
- 不想泄露自己的个人信息

- 只能用手机来给产品拍照片
- 平时不怎么寄快递，所以不清楚流程
- 习惯使用便利店服务

Mercari 为这些“不用雅虎拍卖的人”提供了细致周到的服务（图 7–4）。

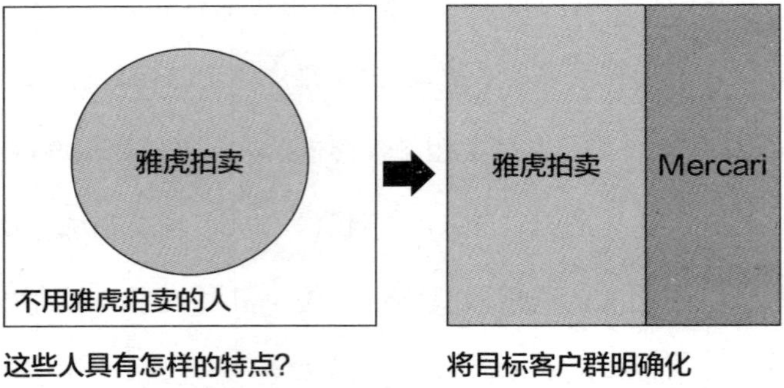

图 7-4　Mercari 为“不用雅虎拍卖的人”服务

在客户需求方面，Mercari 关注的重点与雅虎拍卖并不重合。也就是说，它面向的市场也与雅虎拍卖完全不同。

据说 Mercari 还做过这样市场调查。他们让顾客坐在一个安装了单向玻璃的房间里使用手机，然后对顾客的一举一动进行观察和分析，从中找到应用程序存在的问题。

Mercari 并不是日本第一个网上跳蚤市场。但是其精湛的分析能力、优秀的目标设定能力以及超高的工作效率使其获得了前所未有的成功。

从雅虎拍卖和 Mercari 的案例中可以看出，有时，那些看似早已垄断了市场的业务其实无法覆盖所有的客户群。一项业务发展成熟后，就更难注意到那些被遗漏的角落。

此时，如果我们能将那些不使用该业务的人吸引过来，也会形成一个很大的市场。

▲ “图书馆型”的 Cookpad 和“电视机型”的 Kurashiru

Cookpad 是一家大型食谱网站，很多想做饭的人都会参考其中的食谱。目前，网友发布在 Cookpad 上面的食谱数量已经接近 300 万个。

我们想要做饭时，只需要将自己想用的食材名称或是其他关键词输入进去，就可以找到各种各样的制作方式。

后来，一个叫作 Kurashiru 的网站出现了。

在 Cookpad 上，用户可以通过搜索来找到详细的食谱，而 Kurashiru 则不同，它是通过视频来展示烹饪过程。看到这里，大家可能以为 Kurashiru 是想用视频来击败 Cookpad，然而事实并非如此。

对那些很想自己做饭的用户来说，Cookpad 就像一个图书馆，检索起来非常方便。

然而，还有一些用户并没有这么高的积极性，他们通常会一边刷手机，一边寻找有没有什么自己可以做的菜。Kurashiru 瞄准的正是这些缺乏积极性的用户。它采用的战略是用烹饪类的短视频来吸引用户的注意力（图 7–5），就像一台电视机一样。

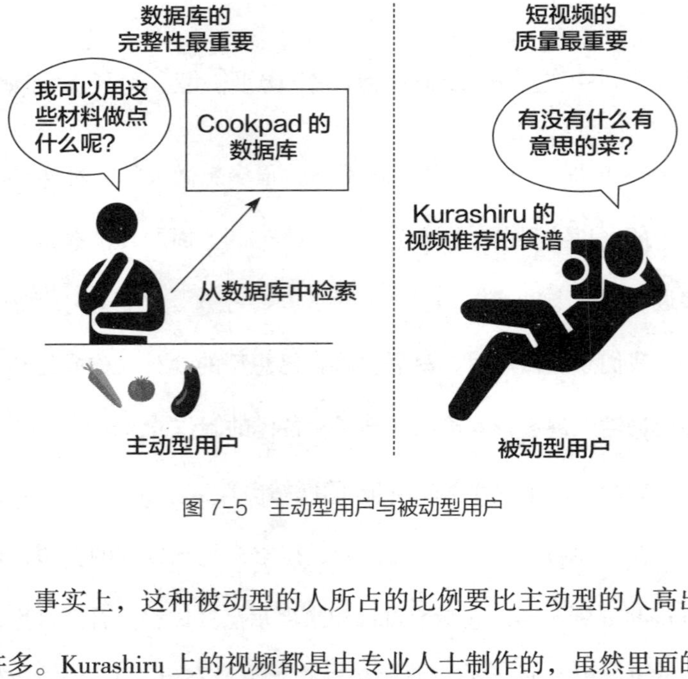

图 7-5　主动型用户与被动型用户

事实上，这种被动型的人所占的比例要比主动型的人高出许多。Kurashiru 上的视频都是由专业人士制作的，虽然里面的食谱数量远不及 Cookpad，但对被动型用户来说，已经足够了。

Cookpad和Kurashiru的关系就像雅虎拍卖和Mercari一样，二者在设定目标时瞄准了完全不同的市场。

▲ 起步较晚的食其家如何超过吉野家

说到牛肉饭，大家第一个想到的应该是吉野家，而其他的牛肉饭连锁店，比如松屋、食其家则会给人留下第二名、第三名这样的印象。

吉野家创办于1958年，而食其家创办于1982年。食其家比松屋还要晚20多年。但如今，吉野家在日本共有约1100家店铺，而食其家的店铺数量已经超过了1900家。

食其家之所以能取得如此优异的成绩，是因为它找到了吉野家未能解决的问题，并根据这个问题制定了经营策略。

去吃牛肉饭的，大多是独自一人的男性顾客。但牛肉饭这种产品其实具有很高的价值，深受各种顾客的喜爱，因为它既简单快捷，又价格低廉，而且牛肉饭连锁店的氛围也比其他餐厅更加轻松舒适。

尤其对女性顾客和想要一家人一起吃饭的顾客来说，牛肉饭连锁店其实有着很强的吸引力。但是，吉野家的店内布局和菜单很容易让这些顾客望而却步。

食其家发现了这一问题后，就对女性顾客和家庭顾客进行了彻底的分析。

当时，吉野家的确已经占据了很大的市场份额，但是从客观来看，“独自一人的男性顾客”在所有顾客中只占很小的比例（图 7–6）。

对一个企业来说，帮助现有的顾客解决问题的确非常重要。但与此同时，我们也需要注意一下那些“三过店门而不入”的人，找到他们面临的更大的问题。

在前文中，我曾经告诉大家多去倾听顾客和现场销售人员

图 7-6　女性顾客与家庭顾客

的声音，看看顾客为什么不愿意购买我们的产品，听一听他们的想法。

而菲利普·科特勒将这一过程总结为三个步骤：

市场细分（Segmenting）：将市场分为若干个顾客群体。

确定目标市场（Targeting）：找到可以发挥公司优势的目标客户群。

定位（Positioning）：决定自己公司的定位。

这三个步骤被称为“STP 理论”，大家也可以将其作为分析模型使用。

一个行业中现存的企业并不能解决所有人的问题。

只要我们正确地分析出其他企业的目标客户群和着力点，就能找到自己的突破口，成为行业的后起之秀。

▲ 通过扎实的调研来发现问题

很多人认为风投企业完全是靠新奇的想法取胜。

的确，想要发现一个问题，进而面向消费者推出服务是一件很困难的事情。

有时，甚至连消费者自己都没有觉察到问题的存在。在面对两种相似的产品或服务时，消费者也不会仔细地对比二者的功能，只会通过自己的偏好来决定使用频率。

但其实，很多项目**并非单靠新奇的想法取胜。项目负责人会对行业的现状进行详细分析，找出其中存在的问题，再通过解决问题来提高企业的效率和收益。一个项目只要能做到这一点，就具备了存在的价值**。

只要我们对销售现场进行认真的观察和分析，就能从中找到提高收益、节约时间的关键点。

对一个门外汉来说，只靠灵光一闪来创业，很难在市场中站稳脚跟。反之，业内人士可以运用自己的行业经验，想到一些看似平平无奇却比较稳妥的创业想法。

例如，有一家风投企业推出了一项名叫 Sansan 的名片管理服务。他们发现企业的销售现场存在“纸质名片管理难”的问题，于是推出了这项服务，将名片变成了一个数据库，使用户可以和其他人共享自己收到的名片。

当然，如果仅仅是这么简单的话，其他大型企业也可以用更低的价格推出类似的服务，使该企业在市场上失去立足之地。但是，Sansan 在各个企业的销售现场收集了大量的信息，从中找到了能够帮助这些企业提高收益、节约时间的关键问题，并通过名片管理服务成功解决了这些问题。

他们推出的这项服务无疑为企业的销售活动提供了莫大的帮助。

收集大量的数据，从中找到能够提高收益的关键性问题，然后再解决这个问题。

这个过程听起来很无趣，但是，越早行动起来越能受益。

先行者能够得到更多的内部信息，了解到的情况也更清楚，所以更容易发现问题所在。

风投企业通常会向消费者提供前所未有的新服务。在这些风投企业的创业者中，有一些人天生就具有发现问题的天赋。

然而，这样的天赋也并不是必需品。只要我们能够用经验来提升自己的逻辑分析能力和信息收集能力，再通过 PDCA 循环来获得正确的反馈，将问题彻底解决，就能够在市场上拥有自己的一席之地。

这样的能力并不是靠天赋得来的，而是需要通过学习来掌握。

在没有问题的地方创造出问题

▲ 人们为何会买具有除菌功能的洗涤剂

有些企业会通过创造新的市场来取得成功。它们指出了大家一直以来从未察觉的问题，使消费者开始意识到问题的存在，而新的市场也就此诞生。

近年来，市场上出现了很多以除菌功能为噱头的洗涤剂。

宝洁公司在推出 Ariel 系列洗衣液前，就先给消费者灌输了“必须对衣物进行除菌”的意识。

如果一上来就推销自己的洗衣液，说这款洗衣液具有除菌功能，那么消费者只会感到疑惑，怀疑这种功能存在的必要性。

因此，宝洁公司首先对“洗好的衣服上会残留很多细菌”这一事实进行了大肆宣传，让消费者意识到了问题的存在。

宝洁公司知道，如果问题不存在，那么解决方法也就失去了意义。

在 Ariel 系列洗衣液的广告中，给观众留下深刻印象的并不是对其除菌功能的介绍，而是将洗好的干净衣服放大后，残留在上面的许多细菌。

我们明确了问题以后，解决问题的方式也就一目了然了。这些意识到了问题的人必定会开始购买具有除菌功能的洗衣液。

制定这种销售策略的人很清楚，“明确问题”是营销宣传的起点。

只要创造出新的问题，就会出现新的解决方式，开拓新的市场。以这种方式成功的案例还有很多，代谢综合征就是其中之一。

按理说，“代谢综合征”这个名词的诞生应该并不是出于商业目的，但它却直接导致了一系列相关服务和产品的出现，这一点想必大家都还有印象。在当时，甚至还有企业开始宣传隐性代谢综合征，并由此推出了新的产品。

▲ 一直被人们忽视的蓝光

“可以过滤电脑屏幕蓝光的眼镜”也采取了同样的销售策略。

在 2011 年，快时尚眼睛品牌 JINS 推出了新型镜片“JINS PC”，号称能够过滤电脑屏幕发出的蓝光，有效预防眼部疲劳。

这款镜片并不是面向那些视力已经出现问题的人，而是帮助视力正常的人预防视力下降。

当时，我们接触到的宣传更多的是在讲蓝光会如何导致眼部疲劳，而不是对防蓝光镜片的推广。

我们虽然看不到蓝光，但却对“蓝光会导致眼部疲劳”这一事实有了深刻的认识。

所有做科技类项目的风投企业都应该好好学习这一点。这些企业经常沉浸在自己技术的创新性和功能性中，而消费者并不买账。

新技术是我们用来解决问题的手段。当我们想要宣传一项新技术时，一定要先让消费者理解这项技术是用来解决哪些问题的。

因此，我们需要先让消费者认识到问题的存在。只要消费者认识到了问题的存在，他们就会接受我们提出的解决方式。因此，“明确问题”可以说是营销宣传的前提。

▲ 勇敢地迈出第一步

有很多人通过推出新的娱乐产品成功创业，也有很多人用独一无二的技术解决了一直以来困扰大家的难题。

但是，这样的创业方式更像是充满不确定性的艺术创作，因为我们无法预测什么样的产品能够引起人们的共鸣，并拓展成一个成功的商业项目。经常有人事后去剖析这类企业成功的秘诀，但是，这样的成功基本不具备可复制性。

本书的目的是向大家介绍一些发现问题的基本方法。**成功的风投企业大多数采用了较为稳妥的方式。它们会对自己面临的现状进行详尽的分析，明确自己想要解决的问题，再制定出具体的解决方案。**

日本是一个非常发达的国家。由于生活比较便利，我们的身边几乎没有什么一目了然的问题，很多人都不具备发现问题的能力。

这直接导致了日本人创业意愿低下。

无论是自己创业还是在企业中开发新的项目，“发现问题”都是一个重要的起点，而这种能力只有在专门学习过后才能掌握。

从好的方面来看，一些在学校中接受过创业教育的日本人也开始逐渐走上了创业的道路，且实际创业者所占的比例已经接近中国和美国。

希望大家能够应用本书介绍的方法，对自己或是自己手头的项目进行分析，找出其中存在的问题，勇敢地迈出第一步。

第 7 章的关键点

对该行业的现有价值链进行分析，寻找切入点。

只要找出被大企业忽视了的问题，就能够创造出庞大的市场。

创造一个问题，也就是创造了一个市场。

第 8 章

通过实际的案例来练习一下吧

复习与实际应用。

当大家读到这里，我相信你们的目标设定能力都已经有了很大的提升。本章内容主要是一些与目标设定能力有关的例题，大家可以试着解答一下。思考一些实际的问题，既可以帮助我们复习前文的内容，又能够让我们学会一些实际应用的技巧。请大家一定要试试看。

练习问题 1

小隆同学即将参加小升初考试，他父母说他的模拟考试成绩不太好，好像是数学几何题非常拖后腿，希望你能想想办法。你会怎么解决这个问题呢？

▲ 找到问题的关键点

小隆同学父母所说的“数学几何题非常拖后腿，导致模拟考试的成绩不好”只是一个现象。我们应该挖掘出其背后的原因，列出一些可能存在的问题，然后从中找出我们应该着手解决的问题。

学生考完试后就能得到一份各个科目的详细数据。其中不仅包括自己的得分、平均分和排名，还有每一题的丢分情况。

通过这份数据，我们就能知道学生对各个知识点的掌握情况如何。

小隆同学在几何题上的得分确实每次都会低于平均分，因此我们也可以专门为他补习几何方面的知识点，或者让他有针对性地做一些同类型习题。

▲ 想一想“为什么”，确认自己的最终目标

小隆同学的父母希望我们能帮助小隆同学学会解数学几何题。但是“会解数学几何题”真的是小隆同学和他父母的最终

目标吗？

首先，我们要想一想“为什么小隆同学的父母希望他学会解数学几何题”这个问题。

答案是“为了考上一所好的中学”，这才是他们的最终目标。

那么，“学会解数学几何题”就只不过是达成目标的手段罢了。作为专业的老师，我们在接到这样的委托后，应该开始思考：“为了让小隆同学考上一所好的中学，我们应该把目标放在哪里？问题的关键真的是数学几何题吗？还有没有其他的问题需要解决？”

▲ 列举出一些候选问题

那么，为了让小隆同学考上一所好的中学，我们除了“帮助他学会解数学几何题”以外，还有没有其他可行的目标？此时，我们需要列出一些问题作为候选。

有没有什么有效的分析模型，可以帮助我们列出一份问题清单？

面对这个问题，大家可以先看一看下面这个算式：

考试得分 = 会做的题所占分值 – 失误导致的丢分

这个算式也可以算是一种帮助我们列举问题的分析模型（图 8–1）。

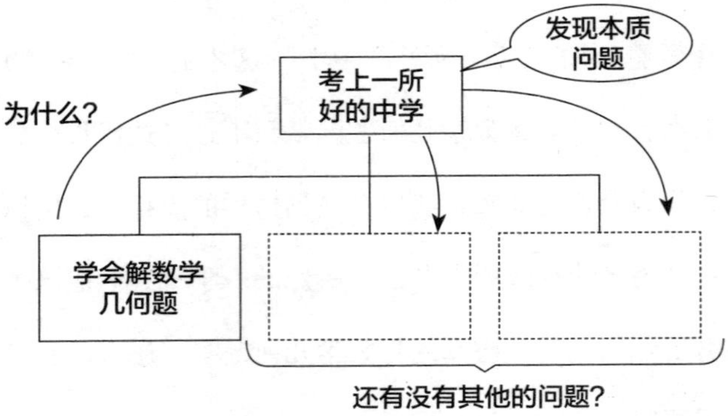

图 8–1　候选问题

这样一来我们就会发现，为了让学生提高分数，考入理想的中学，我们有两条路可以走：

1. 让学生学会做更多的题；

2. 帮助学生减少考试中出现的失误。

如果我们选择第一条路——“让学生学会做更多的题”，应该具体做些什么呢？

“帮助他学会解数学几何题”自然可以算是一个办法，但这并不是唯一的办法。

除了数学几何题以外，还有很多其他类型的题都有提高分数的余地，比如：

- 数学应用题
- 语文汉字题
- 社会知识题

在本书的第 5 章中，我向大家介绍了一些能够帮助我们列举出候选问题的方法。其中，“收集第一手信息”的方法就可以用在这里。

在向小隆同学讲解了他不会做的题目后，我们发现小隆同学不会做的题主要可以分为两种类型：

- 没有理解解题方法
- 理解了解题方法后，在考试时又忘记了

很多时候，小隆同学能够当场理解老师的讲解，并正确解出类似的题目，但是一旦到了考试的时候就会忘记。这样的情况总是反复出现。

因此，我们的目标可以分为两个：

（i）对于小隆同学不会的题，我们要帮助他理解解题方法；

（ii）对于小隆同学已经学会的题，我们要防止他在考前再次忘记。

接下来，如果我们选择第二条路——“帮助学生减少考试中出现的失误”，又应该做些什么呢？通过对学生模拟考试的卷面进行分析，我们发现他的失误主要有三种类型：

（iii）计算失误；

（iv）审题失误；

（v）回答与题目要求不符（题目问的是橘子的价格，学生回答的是苹果的价格）。

这样一来，我们就列举出了（i）到（v）五个候选问题。

▲ 从候选问题中选择合适的目标

由于时间有限，我们无法一口气解决所有的问题。现在距离小升初考试已经越来越近，所以我们必须选择“短时间内更容易取得效果”的问题作为目标。

如果距离考试还有很长的时间，或者学生的目标比较长远的话，问题的优先顺序也会有所不同。

首先，如果想要解决问题（ii），我们可以缩短学生复习的间隔，让学生在忘记所学的知识点之前形成长期记忆。由于这部分主要是学生已经理解了的内容，应该不会花费太多的时间。

接下来，问题（v）解决起来也比较容易。学生在考试中通常只会出现一两次这样的错误，所以只要要求学生在做完题后多一道检查的步骤，看一看自己回答的内容是否符合题目要求即可。

问题（iii）计算错误和问题（iv）审题错误的出现缺乏规律性，因此解决起来也比较困难。一般来说，学生在对答案前基本很难察觉到自己的计算错误。

▲ 确定最合理的解决方案

综上所述，我们的目标主要有两个：

1. 保持现有的学习模式，缩短复习的间隔；

2. 让学生在做完题后，再检查一下自己回答的内容是否符合题目要求。

接下来，我们就要开始制定具体的解决方案了。“合适的复习间隔是多久？”“如何确保学生不会忘记检查？”这些问题都将成为我们讨论的对象。

在这个案例中，我们成功从多个候选问题中选择了最为合理的目标。而我们的判断基准是“能够在短时间取得效果，帮助学生达成最终目的，考上理想的中学”。

大家做完后感觉如何呢?

如果您读完了前七章的内容，那么相信您一定顺利地找到了最合理的目标。

请大家一定要多想一想“真正的问题究竟是什么”。

只要我们能够找到最合理的目标，就自然能够找到最合理的解决方式。在现代社会中，信息的检索已经变得非常便利。只要我们设定的目标是合理的，那么制定解决方案就会比想象中要容易许多。

希望大家能够将我们学过的内容应用到接下来的实战演练中。

练习问题 2

一名儿童玩具制造公司的经营者向你提出了这样的要求：

“最近中国工厂的生产成本突然上涨，导致我公司产品的收益出现下滑。请您帮我想想办法。”

请你分析一下这个现象，并且为这家公司设定一个合理的目标。

▲ 对儿童玩具公司现状的分析

“想办法降低生产成本”自然可以算作是我们的一个目标。但是我们需要先对这个目标的难易度和实现后所带来的效果进行分析，由此来判断该目标的优先度。

我们的最终目的应该是增加该公司的收益。为了实现这一目的，我们是否应该优先解决“中国工厂的生产成本过高”这一问题？我们需要一起来探讨一下。

首先，让我们用“五种力量模型（5F）”来分析一下这个行业（图 8–2）。

供货商：以世界工厂——中国为首的亚洲地区工厂的生产成本都比较高。就算更换其他工厂也很难降低成本，因此卖方的议价能力很强。

顾客：一些大型家电商场和亚马逊等电商平台会对顾客产生很强的吸引力，所以买方的议价能力也很强。

新出现的竞争对手：除了外国企业以外，日本国内也有很多企业开始用新创意来抢占市场。潮流和热点交相更替，企业之间的竞争也越来越激烈。

其他可替代产品：手机游戏和各种培训机构都在抢占孩子的课余时间。

现有的竞争对手：一些老牌的玩具制造厂商推出的新产品正在成为热点，势头十分猛烈，使我方处于不利的位置。

这样分析后我们就会发现，在这家玩具厂商所面临的诸多问题中，“中国工厂的生产成本过高”并不是关键的问题。

因为“现有的竞争对手”“新出现的竞争对手”和“其他

可替代产品”的工厂同样也在中国，但是他们却能够积极开发出新产品，获得稳定的收益。

特别是各种可替代产品和新竞争对手的出现，更是说明该行业还存在着很多产品差异化的可能性。如果某个行业中产品的差异只在于成本的高低，那么新公司就会远离这里了。

我们在这里不能只是用分析模型来纸上谈兵，还需要从销售现场收集一手信息。就算是不去做大规模的问卷调查，我们也可以通过采访或是店铺访问的形式来获得很多信息。

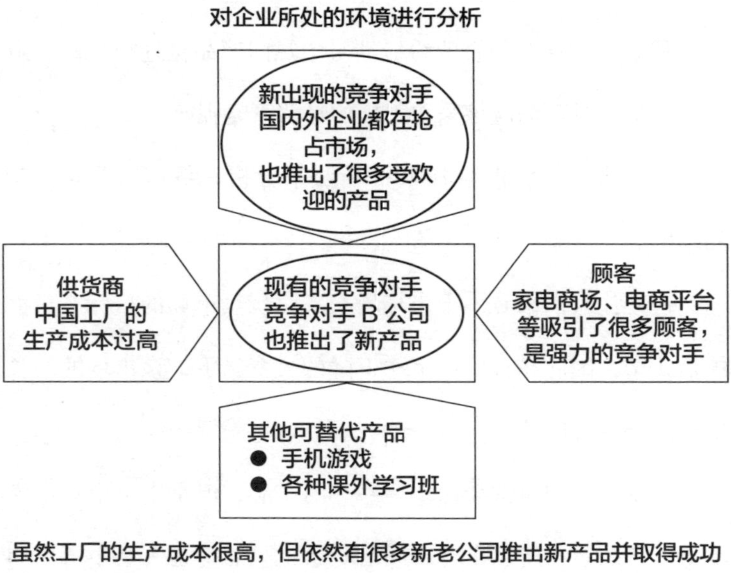

图 8-2　分析企业所处的环境

“为什么有的企业在如此高的成本之下也能稳赚不赔？”

“那些新企业推出了哪些新产品来抢占市场？”

这些问题都可以包含在我们的调查之中。

我们的最终目的是搞清楚“成本过高是否是最重要的问题”。所以我们需要调查一下，在“成本过高”的大环境下，企业还能通过哪些方式来取得成功。

另外，我们还可以对其他拥有相似客户群体的业界进行调查，比如儿童体育用品、学习用品以及童装厂商等。我们应该主动收集这种类似的案例，留作日后参考。

那么，在这个新企业纷纷涉足、热门产品接连出现的行业中，这家玩具厂商应该采取怎样的经营策略呢？

接下来，我们再用PPM分析法来分析一下这家公司的产品结构。

首先让我们来看一下市场增长率。玩具市场的目标客户群体是儿童，因此在日本出生率下降的大背景下，该市场的增长率可以说是很低的。

虽然市场中时常会涌现一些热门产品，但是由于市场规模本身正在缩紧，所以企业之间的竞争也只能算是一个小市场的争夺战。

但是另一方面，玩具厂商们直到今天也并未给予足够重视的成人玩具正在渐渐走入人们的视野。电视游戏、模型等玩具大多价格偏高，但是具有很强的趣味性，很受成年人欢迎。而成年人也具有很强的购买能力。

综上所述，我们可以将玩具产品分为四类（图 8–3）。

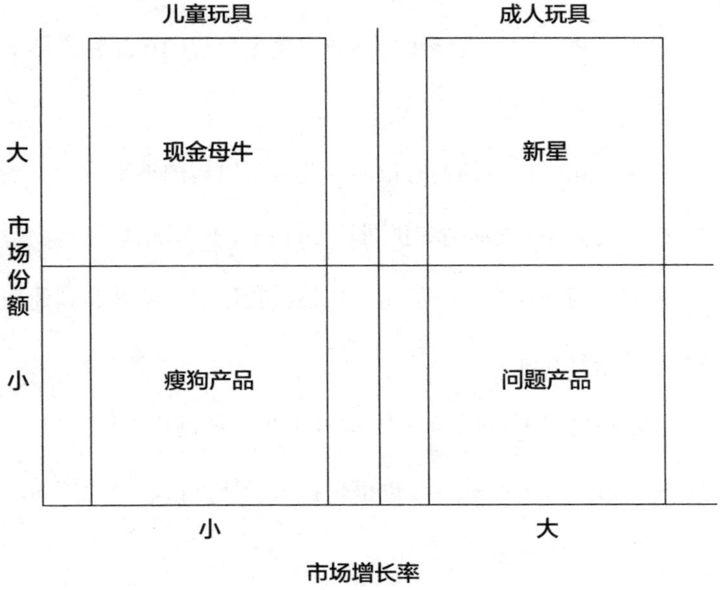

图 8–3　四类玩具产品

新星：在成人玩具市场中占有较高的市场份额，随着市场的增长，投资所取得的收益也会越来越高。

现金母牛：在儿童玩具市场中占有较高的市场份额，应该控制成本，维持稳定收益。

问题产品：在成人玩具市场中占有较低的市场份额，可以把从其他产品中获得的收益投资进来，将其转化为新星产品。

瘦狗产品：在儿童玩具市场中占有较低的市场份额，应该从市场中撤退。

这样一来，我们就能清楚地看出这家公司的产品在市场上是否处于有利位置。

这家公司的产品种类有很多，儿童可以玩的纸牌游戏、积木、塑料模型、动漫周边和拼图等传统意义上的玩具一应俱全。

但正是因为这些产品都比较传统，我们很难将其和其他公司的产品区分开来。

在这种情况下，就算我们对企业的价值链进行细致的分析，努力降低各个环节的成本，也很难在这个低价格、小规模的市场中取得多大的优势。

因此我们可以将目标设定为：

● 通过减少产品种类来降低管理和销售成本，只留下“现金母牛”产品。

比如说，我们可以保留那些口碑比较好的积木类产品，以及其他使用纯天然材料制成的儿童益智玩具。

同时，我们还可以考虑向更具发展潜力的成人玩具市场进军（图 8–4），例如：

- 从这些广受好评的儿童益智玩具中吸取经验，开发一些成人益智类游戏和玩具。

当然，这个目标成立的前提是“该公司很擅长制造益智类玩具”。关于这一点，我们还需要用第一手信息来进行验证，比如对消费者进行采访或是在卖场实施调查。

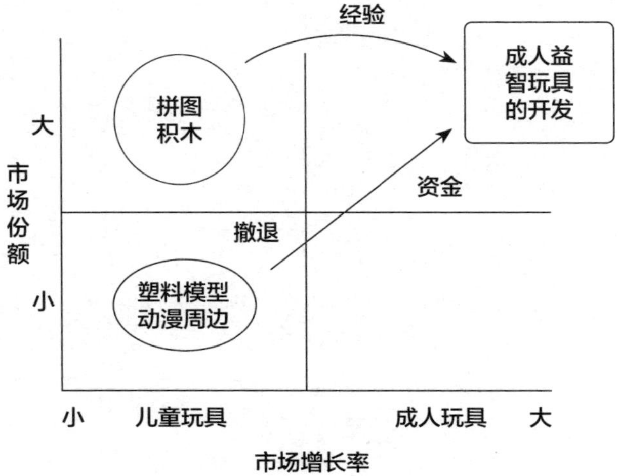

图 8–4　分析成人玩具市场的发展潜力

在这个案例中最重要的一点就是，当公司的经营者说“目前最大的问题是中国工厂的生产成本过高”时，我们不能轻信这个判断，草率地把“降低生产成本”当作是目标。

在这种情况下，就算我们花了很大的力气去降低生产成本，生产出的“瘦狗产品”也只会飞快地被市场淘汰。

练习问题 3

假如你在一家日本服装企业工作。该企业不久前刚刚在越南设立了新的工厂，并决定派你去负责该工厂的生产工作。

这家工厂是由之前的负责人提议建造的，其内部存在着很多问题。以下是当地员工所提出的一些意见。面对这些问题，你将如何设定目标，改善生产过程？

▲ 工厂员工所提出的意见

- 经常有产品因质量问题而被退回
- 工厂的设备经常出现故障
- 交货环节中的失误引来顾客投诉
- 员工刚来不久就辞职

- 员工不熟悉业务
- 工厂管理层对工作的认识不足
- 设备发生故障后，维修人员迟迟不来
- 布料的利用率过低
- 员工经常请假
- 废弃物过多
- 工厂的运转时常会出现问题

经确认，他们所说的这些现象基本属实，但是我们无法同时解决所有的问题。

这一次，请大家运用第 6 章中所介绍的“缩小问题范围”的技巧，从这些问题中选出优先度更高的问题。

让我们先来想一想，这些现象分别会带来哪些不良后果。

- 经常有产品因出现质量问题而被退回→顾客信赖度降低
- 工厂的设备经常出现故障→生产成本上升
- 交货环节中的失误引来顾客投诉→顾客信赖度降低
- 员工刚来不久就辞职→员工品质下降
- 员工不熟悉业务→产品质量下降
- 工厂管理层对工作的认识不足→生产成本上升

- 设备发生故障后，维修人员迟迟不来→生产成本上升
- 布料的利用率过低→生产成本上升
- 员工经常请假→生产成本上升
- 废弃物过多→生产成本上升
- 工厂的运转时常会出现问题→生产成本上升

我们还需要注意的一点就是，有些问题之间也许并不是并列关系，而是因果关系。

在第 6 章讨论问题优先度的时候，我曾经告诉过大家，有的问题可能会引发更严重的问题。

让我们来一起整理一下这 11 个问题之间的因果关系。其中，有些问题可能还会导致其他结果，这一点我们可以先暂且不谈，先将这些问题之间的关系捋清楚。

如图所示（图8–5），当我们理清了问题之间的因果关系后，它们的优先顺序也就一目了然了。

就算我们成功解决了“员工业务不熟练”的问题，只要“员工刚来不久就辞职”这一问题还存在，同样的问题就还会再次出现。

“员工经常请假”最终会导致“生产成本上升”，而“员工刚来不久就辞职”最终会导致“顾客信赖度降低”。那么这

两个问题的背后的深层原因又是什么呢？

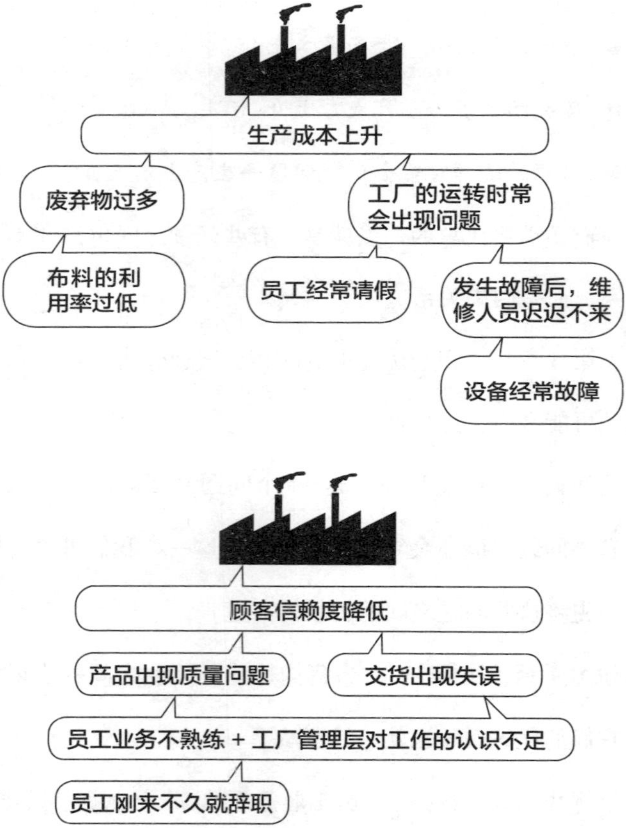

图 8-5　生产成本上升和顾客信赖度降低的原因

为了找出根本原因，我们可以反复地问问自己“为什么”。

比如，为什么员工会经常请假？为什么员工刚来不久就会辞职？

然后我们发现，员工请假和辞职的主要原因并不是觉得工资低，而是需要回家去照顾孩子。这些兼职员工的家里大多都有孩子需要照顾，一旦孩子生病或是出现其他什么问题，他们就只能请假回家。长此以往，有些员工很难兼顾工作和家庭，就不得不辞掉工作。

因此，我们的目标应该是“为员工提供育儿支持”。

明确了目标以后，解决方案也就自然而然地浮现了出来，例如：

- 向员工发放保姆费用补贴
- 在工厂中增设托儿所

在这个案例中，我们先是对问题之间的因果关系进行了整理，然后通过问“为什么”，找到了问题背后的根本原因。最后，我们只需设定一个目标，就可以同时解决“生产成本上升”和“顾客信赖度降低”这两个问题，可以说是非常高效。

我们在平时工作时，可能也会接到客户提出的各种意见。在这种情况下，如果我们只是一味地去消除表面现象，没有从根本上解决问题，就很难让客户真正感到满意。

在听取客户的意见后，我们应该反复去思考“为什么”，找出问题背后的根本原因，和客户一起制定解决方案，这样才能真正帮助他们解决问题。

结 语

在我们所接受的学校教育中，“问题”总是有绝对正确的答案。

然而当我们走进社会后会发现，有时候即使我们解决了眼前的问题，也得不到自己想要的结果。这种令人遗憾的事情时常发生。

我们完成了上司和客户所布置的任务，却依然得不到应有的肯定。无论心里有多么不甘，也只能无可奈何。

“眼前的这个问题真的是我应该优先解决的问题吗？”我在做经营顾问时经常会这样问自己，后来开办培训机构后，也会让我的员工们多去思考这个问题。当我在教授学生逻辑思考和解决问题的方法时，也会让他们来思考这个问题。

想要告诉一个人“你的目标设定有问题，这个问题才是你应该解决的问题”，其实是一件很难的事情。

然而从长远来看，作为一名专业人士，如果总是逃避根本问题，只应对表面现象，最终只会失去顾客的信赖。

如果我们能够做到不被眼前的现象所迷惑，而是找到现象背后的本质问题，不仅可以让工作变得更加顺利，还可以让自己更加高效、顺利地度过人生的每一天。

从这个角度来看，发现问题的能力不仅对销售人员、顾问、组织领导和创业人士来说很有必要，对其他人来说也是其在这个社会中生存的必备能力之一。

希望大家读完本书后能够不再被表面现象所迷惑，学会通过多问“为什么”来找到本质问题。

这也许并不是一件简单的事情，但只要您能够迈出第一步，就会发现自己的视野跟以前相比发生了很大的变化。

进入下一阶段后，我们就可以开始使用分析模型，或是对具体的数字进行分析。即使我们成功找到了问题，也要继续抱着一种怀疑的态度，多去想一想“这究竟是现象，还是问题”。

现如今，信息的传输已经变得十分迅速，只要我们能够找到合适的问题作为目标，相应的解决方案或是人才可以轻松找到。

史蒂夫·乔布斯并没有直接参与 iPad 的设计工作。他只是告诉自己手下的员工“减少用户点击的次数”和“缩短打开菜单的时间”，为他们设定具体的工作目标。只要他指出了问题的所在，优秀的技术人员和设计师会去解决这些问题，最终打造出一款出色的产品。

如果您能够拥有强大的目标设定能力，找到自己应该解决的问题，那么解决问题的过程必定会比我们预想的要更加轻松。

请您先从观察自己的周围开始，找一找有没有哪些现象容易被我们错误地当作问题。

当您路过一些人满为患的店铺，或是在新闻中看到一些企业的成功案例时，也不妨稍微去深入了解一下。即使您不打算成为经营顾问，也不想创业，生活中仍然有很多问题值得我们去思考。解决这些问题，会帮助我们获得自信。

当我们把自己学到的东西应用到生活中，我们的心情也会变得十分轻松愉快。在此，我衷心希望本书能够给您带来一些帮助。

最后，Lojim 的毕业生之一，庆应义塾大学的古屋创先生为本书的出版做出了许多贡献。在看完本书的底稿后，他向我提出了很多宝贵的意见，让本书的结构变得更加清晰易懂。在此，我也想向他表示由衷的感谢。

苅野进